THÈSES

PRÉSENTÉES

A LA FACULTÉ DES SCIENCES DE PARIS

POUR OBTENIR

LE GRADE DE DOCTEUR ÈS SCIENCES MATHÉMATIQUES

PAR

M. S. MAILLARD,

ANCIEN ÉLÈVE DE L'ÉCOLE NORMALE SUPÉRIEURE, AGRÉGÉ DES SCIENCES MATHÉMATIQUES.

1ʳᵉ THÈSE. — RECHERCHE DES CARACTÉRISTIQUES DES SYSTÈMES ÉLÉMENTAIRES DE COURBES PLANES DU TROISIÈME ORDRE.

2ᵉ THÈSE. — PROPOSITIONS DONNÉES PAR LA FACULTÉ.

Soutenues le   décembre **1871**, devant la Commission d'Examen.

MM. SERRET,   *Président.*
    BRIOT,
    OSSIAN BONNET,   *Examinateurs.*

PARIS

IMPRIMERIE GUSSET ET Cⁱᵉ
RUE RACINE, 26

1871

THÈSES

PRÉSENTÉES

A LA FACULTÉ DES SCIENCES DE PARIS

POUR OBTENIR

LE GRADE DE DOCTEUR ÈS SCIENCES MATHÉMATIQUES

PAR

M. S. MAILLARD,

ANCIEN ÉLÈVE DE L'ÉCOLE NORMALE SUPÉRIEURE, AGRÉGÉ DES SCIENCES MATHÉMATIQUES.

1re THÈSE. — RECHERCHE DES CARACTÉRISTIQUES DES SYSTÈMES ÉLÉMENTAIRES DE COURBES PLANES DU TROISIÈME ORDRE.

2e THÈSE. — PROPOSITIONS DONNÉES PAR LA FACULTÉ.

Soutenues le   Décembre 1871, devant la Commission d'Examen.

MM. SERRET,   *Président.*
BRIOT,
OSSIAN BONNET,   } *Examinateurs.*

PARIS

IMPRIMERIE CUSSET ET C'

26, RUE RACINE, 26

1871

ACADÉMIE DE PARIS.

FACULTÉ DES SCIENCES DE PARIS.

Doyen.	MILNE-EDWARDS, professeur. .	Zoologie, Anatomie, Physiologie.
Professeurs honoraires. .	DUMAS.	
	BALARD.	
Professeurs.	DELAFOSSE.	Minéralogie.
	CHASLES.	Géométrie supérieure.
	LE VERRIER.	Astronomie
	DELAUNAY.	Mécanique physique.
	P. DESAINS.	Physique.
	LIOUVILLE	Mécanique rationnelle.
	HÉBERT.	Géologie.
	PUISEUX.	Astronomie.
	DUCHARTRE.	Botanique.
	JAMIN.	Physique.
	SERRET. . . . . , .	Calcul différentiel et intégral.
	H. SAINTE-CLAIRE DEVILLE. . .	Chimie.
	PASTEUR.	Chimie.
	LACAZE DUTHIERS.	Anatomie, Physiologie comparée, Zoologie.
	BERT.	Physiologie générale.
	HERMITE.	Algèbre supérieure.
	BRIOT	Calcul des probabilités, Physique mathématique.
Agrégés.	BERTRAND.	Sciences mathématiques.
	J. VIEILLE.	
	PÉLIGOT.	Sciences physiques.
Secrétaire.	PHILIPPON. . . . . ᛌ	

À

MONSIEUR CH. BRIOT

RESPECTUÈUX HOMMAGE DE SON ÉLÈVE RECONNAISSANT

S. MAILLARD.

RECHERCHE

DES CARACTÉRISTIQUES

DES SYSTÈMES ÉLÉMENTAIRES

DE COURBES PLANES DU TROISIÈME ORDRE.

L'ensemble des courbes du degré n, qui satisfont à $\dfrac{n\,(n+3)}{2} - 1$ conditions communes forme un système. En imposant exclusivement à ces courbes les conditions élémentaires de passer par des points ou de toucher des droites, on obtient les systèmes élémentaires.

Les travaux de M. Chasles sur la théorie des coniques ont montré que les propriétés d'un système s'expriment à l'aide de deux nombres caractéristiques indiquant combien de courbes passent en un point et combien touchent une droite. Les caractéristiques d'un système quelconque sont des fonctions linéaires de celles des systèmes élémentaires, et s'en déduisent par une méthode générale de substitution. Ces résultats ne sont point particuliers aux systèmes de coniques, et, d'après M. Chasles, « ce qui manque principalement pour que la théorie des courbes d'ordre supérieur soit aussi complète, ou du moins aussi avancée que celle des coniques, c'est de connaître les caractéristiques des systèmes élémentaires de chaque ordre de courbes. »

La détermination de ces caractéristiques ne présenterait pas de difficultés, s'il n'existait, presque dans tous les systèmes, des courbes exceptionnelles généralement de deux sortes, des courbes à branches multiples que toute droite rencontre en deux ou plusieurs points confondus sans être tangente ; des courbes à points multiples auxquelles on peut mener par un point plusieurs tangentes coïncidentes lors même que ce point n'est pas pris sur la courbe. C'est ainsi que dans la théorie des coniques, on trouve : des courbes infiniment aplaties représentées chacune par une droite double limitée en deux points par l'un ou l'autre desquels doivent passer les tangentes, et des systèmes de deux droites dont il suffit de joindre le point de concours à un autre point quelconque pour obtenir une tangente double.

Dans les systèmes de courbes du troisième ordre, les courbes exceptionnelles offrent plus de variété. Non-seulement il existe des courbes à point double ou à branche double, mais aussi des courbes à deux points doubles ou à point triple, et des courbes à branche triple. Une différence d'ailleurs mérite d'être signalée : tandis que les coniques infiniment aplaties et les systèmes de deux droites se correspondent par voie de dualité, il n'en est plus ainsi dans le cas des courbes du troisième ordre. Aux courbes à point double, par exemple, correspondent des courbes du quatrième ordre, de la troisième classe, à trois points de rebroussement et n'ayant pas, en général, de branches multiples.

Toutefois, en considérant des systèmes de courbes à la fois du troisième ordre et de la troisième classe, on retrouve l'avantage d'avoir à considérer des figures qui sont elles-mêmes leurs corrélatives. Les théorèmes sont doubles, les déterminations réduites de moitié, ou si l'on préfère les effectuer directement, on obtient des vérifications qu'il ne faut nullement négliger.

D'un autre côté, la présence comme courbes limites des courbes à point double, dans tous les systèmes définis par huit conditions élémentaires, conduit à former d'autres systèmes élémentaires ou toutes les courbes seraient douées de points doubles, et la considération de ces derniers conduit encore à en former d'autres où toutes les courbes seront douées de points de rebroussement.

Il paraît donc convenable de diviser les courbes du troisième ordre en trois catégories, savoir : courbes de la troisième classe ou à rebroussement, courbes de la quatrième classe ou à point double, courbes de la sixième classe sans point multiple. Nous examinerons successivement sept groupes de systèmes :

1° Courbes dont le point de rebroussement est donné ;

2° Courbes dont le point de rebroussement doit être sur une droite donnée ;

3° Courbes devant avoir un point de rebroussement ;

4° Courbes dont le point double est donné ;

5° Courbes dont le point double doit être sur une droite donnée ;

6° Courbes devant avoir un point double ;

7° Courbes de la sixième classe.

Dans chacun de ces groupes, on obtient les systèmes en conservant la condition énoncée, et en variant de toutes les manières possibles les conditions élémentaires en nombre tel que les courbes se trouvent en définitive assujetties à huit conditions.

Les démonstrations qui suivent sont pour la plupart basées sur le principe de correspondance ainsi énoncé par M. Chasles (*Comptes rendus*, tome LVIII, page 1175).

« Lorsqu'on a sur une droite L deux séries de points X et U, telles qu'au « point X correspondent α points U, et à un point U β points X, le nombre « des points X qui coïncident avec des points correspondants U est $\alpha + \beta$.

« Lorsque deux séries de droites X et U passent par un même point 1, « si à une droite X correspondent α droites U, et à une droite U β droites X, « il existera $\alpha + \beta$ droites X qui coïncideront avec des droites correspon- « dantes U. »

La seconde partie de cet énoncé est une conséquence immédiate de la première, car on peut supposer que les droites X et U soient déterminées par deux séries de points X et U situés sur une même droite L.

Pour avoir une représentation géométrique de la loi de correspondance entre les points X et U, on peut, en désignant par x et u les distances des points des deux séries à une origine fixe prise sur la droite L, consi- dérer la courbe C engendrée par le point M dont les coordonnées relatives à deux axes quelconques Ax et Au seraient exprimées par les quantités x et u. Sur toute droite $x = a$ se trouveront α points de la courbe C déterminés par les valeurs de u correspondantes ; pour que l'un de ces points s'éloigne à l'infini, c'est-à-dire pour que la courbe ait une asymptote parallèle à l'axe Au, il faut que la valeur de u devienne infinie, ce qui a lieu pour β valeurs de x, puisque à chaque valeur de u correspondent β valeurs de x. La courbe C possédant à l'infini dans la direction Au, un point multiple d'ordre β, le nombre total des points où elle coupe la droite $x = a$ est $\alpha + \beta$; tel est donc le degré de la courbe, et par suite le nombre de points communs à la courbe C et à la droite $x = u$, bissectrice de l'angle des axes ; c'est-à-dire que le nombre des points X qui, sur la droite L, coïncident avec des points correspondants U est $\alpha + \beta$.

Dans les cas particuliers, on reconnaît presque toujours aisément les points de la droite L, qui étant regardés comme de la première série, coïncident avec des points correspondants de la seconde et *vice versâ* ; mais il est moins facile de trouver combien de fois chacun d'eux doit être compté dans le nombre $\alpha + \beta$. Soit, par exemple (*fig.* 1), X un point de la droite L coïncidant avec un point U, X′ un point infiniment voisin auquel correspondent α points de la seconde série parmi lesquels un au moins, U′, est infiniment voisin de X′ ; il en résulte pour la courbe C un point M situé sur la bissectrice AB, et un point M′ dont l'ordonnée rencontre la bissectrice en N. Les distances, AP, MP, OX, OU sont égales entre elles, PP′ égale XX′, AP′ et NP′ égalent OX′, et M′N égale U′X′. Supposons que l'on puisse déterminer le nombre des infiniment petits X′U′, et l'ordre de chacun d'eux relativement à XX′ ; dans chaque triangle MNM′ on connaît l'angle N qui est constant, le rapport de M′N à MN qui ne diffère que par un facteur constant du rapport de U′X′ à XX′, le nombre des triangles est connu, donc on a tous les éléments nécessaires pour déterminer le nombre des branches de courbe qui passent en M et décider si elles ont avec la bissectrice un contact d'ordre plus ou moins élevé ; en un mot, on saura combien la courbe C et la bissectrice ont de points communs confondus en M, c'est-à-dire le degré de multiplicité de la coïncidence reconnue sur la droite L.

Des considérations analogues sur l'emploi du principe de correspondance ont été développées et appliquées à la démonstration des équations pluckériennes par M. Zeuthen (*Nouvelles annales de mathématiques,* tome VI, 2ᵉ série, année 1867).

I.

Un système peut être regardé comme produit par le déplacement de certaines courbes particulières, qui en même temps se déforment d'une manière continue, sans cesser de satisfaire à toutes les conditions par lesquelles est défini le système. Ces génératrices, parvenues à des positions et à des formes limites, constituent des courbes exceptionnelles; mais si l'on envisage les courbes infiniment voisines, on reconnaît toujours qu'elles jouissent des propriétés essentielles à l'espèce considérée. Quand on se sert du principe de correspondance, il est indispensable de tenir compte de ces courbes limites, à cause des propriétés spéciales qu'elles présentent; et avant d'aller plus loin, il est bon de nous faire une idée exacte des variétés que nous pouvons rencontrer dans l'étude des courbes appartenant aux trois catégories mentionnées plus haut.

Une courbe du troisième degré à point double, étant déterminée par huit conditions, peut faire partie d'un système de courbes du troisième degré et de la sixième classe, également défini par huit conditions. La courbe infiniment voisine présente deux branches très-rapprochées, entre lesquelles passent deux des six tangentes que l'on peut mener par un point donné quelconque; en sorte que ces branches venant à se réunir pour donner la courbe limite, les deux tangentes se confondent avec la droite qui joint le point donné au point de réunion. Et puisque toute droite passant par ce dernier point se trouve être tangente, si l'on suppose, par exemple, que les courbes du système doivent contenir cinq points et toucher trois droites, pour qu'une courbe à point double fasse partie du système, il suffit qu'elle passe par les cinq points et touche deux des droites, le point double étant sur la troisième, ou encore, elle peut ne toucher qu'une seule droite, le point double étant à l'intersection des deux autres.

Si, dans un système, toutes les courbes sont douées de points doubles, elles sont seulement de la quatrième classe, et il ne suffit plus qu'une droite passe en un point double pour être tangente. Ce système est défini par sept conditions, et par conséquent une courbe à point de rebroussement peut en faire partie, puisqu'elle-même est déterminée par sept conditions. Elle est la limite d'une courbe présentant, à partir du point double, une portion en forme de boucle qui va en diminuant de plus en plus, et l'une des quatre tangentes issues d'un point quelconque s'appuyant constamment sur cette boucle, passe enfin par le point de rebroussement. Dès lors, la courbe doit être considérée comme tangente à toute droite sur laquelle se trouve son point de rebroussement.

Une courbe du troisième degré à deux points doubles se compose d'une conique et d'une droite, et par conséquent satisfait à sept conditions. Nous pouvons la regarder comme la limite dont s'approche une courbe à un seul point double, quand deux branches tendent à se réunir pour en former un second, par lequel passeront deux tangentes issues d'un point quelconque, et comme on peut mener deux autres tangentes à la conique, nous avons bien une courbe de la quatrième classe, faisant partie d'un système de courbes à point double.

L'ensemble d'une conique et d'une tangente à cette conique satisfait à six conditions et constitue une courbe du troisième degré et de la troisième classe. C'est, en effet, la limite vers laquelle tend une courbe à point de rebroussement dont une branche vient se rapprocher de plus en plus du point de rebroussement; l'une des trois tangentes issues d'un point quelconque s'appuyant sur cette branche, vient passer par le point de réunion, c'est-à-dire par le point de contact de la conique et de la droite, les deux autres touchent la conique; nous avons donc bien une courbe de la troisième classe. La figure corrélative est de même espèce, et nous en concluons que la droite est à la fois tangente d'inflexion et de rebroussement.

Considérons actuellement une courbe quelconque du troisième degré, rapportée à deux axes fixes Ox et Oy, et n'ayant aucun point à l'infini dans la direction Oy. A un point du plan de cette courbe, faisons correspondre le point qui a même abscisse et dont l'ordonnée s'obtient en multipliant celle du premier par un certain nombre k. A la courbe proposée correspondra une nouvelle courbe du troisième degré, et les tangentes qu'on peut lui mener par un point a' passeront par les points où l'axe Ox rencontre les tangentes menées à la première courbe par le point a auquel correspond a'. En faisant varier k nous aurons un système de courbes, et si k tend vers zéro, elles iront en s'aplatissant de plus en plus; la courbe limite ayant toutes ses ordonnées nulles se réduit à une droite triple confondue avec Ox. Quel que soit d'ailleurs, en dehors de Ox, le point a' que l'on choisisse pour mener des tangentes à la courbe limite, il correspond à un point situé à l'infini dans la direction Oy, et l'on est conduit, dans tous les cas, à joindre le point a' aux intersections de l'axe Ox et des tangentes parallèles à Oy, lesquelles sont communes à toutes les courbes du système. Nous avons donc une courbe du troisième degré formée d'une droite triple renfermant un certain nombre de sommets par lesquels passent les tangentes, ce nombre étant d'ailleurs égal à la classe des courbes dont nous considérons la limite.

Supposons en second lieu que l'axe Oy soit parallèle à une asymptote de la courbe donnée. Sur chaque parallèle à Oy nous aurons en général deux ordonnées finies qui deviendront nulles pour la courbe limite; celle-ci aura seulement une branche double. Si l'on examine en particulier ce qui se passe pour l'ordonnée infinie comptée sur l'asymptote, on voit qu'elle reste infinie tant que k est différent de zéro, et qu'elle devient indéterminée pour k égal à zéro. D'où l'on conclut que toutes les courbes du système ont pour asymptote une droite qui fait tout entière partie de la courbe limite. Ce que nous avons dit précédemment des tangentes peut être répété dans le cas actuel; on doit seulement observer que l'asymptote compte pour deux dans le nombre des tangentes que l'on peut mener à la courbe donnée par le point situé à l'infini dans la direction Oy. Et finalement on trouve une courbe représentée par une droite simple et une droite double, cette dernière renfermant autant de sommets que l'indique la classe des courbes du système, pourvu que l'on compte pour deux le point de rencontre de la droite simple et de la droite double, c'est-à-dire le point triple.

Quand les courbes ne sont point de la sixième classe, le point double ou le point de rebroussement de la courbe limite se trouve sur la branche multiple, en général distinct des sommets. Quant aux points d'inflexion, ils sont également sur la droite multiple et les tangentes d'inflexion se confondent avec cette même droite.

Ainsi, au moyen d'un exemple particulier, nous sommes parvenus à nous rendre compte de la nature de deux espèces de courbes infiniment aplaties ; c'est maintenant une question bien déterminée et ne renfermant plus rien d'arbitraire, que de rechercher si elles existent dans un système donné, puisque l'on connaît, d'une part, les conditions définissant le système, et, d'autre part, les conditions auxquelles peuvent satisfaire les courbes exceptionnelles considérées. Nous examinerons plus loin ce qui a lieu dans chaque système.

Nous représenterons par :

μ le nombre des courbes d'un système qui passent en un point donné,
ν le nombre des courbes qui touchent une droite donnée,
i le degré du lieu des points d'inflexion,
t la classe de l'enveloppe des tangentes d'inflexion,
α le nombre des courbes à branches doubles qui font partie du système,
β le nombre des courbes à branche triple,
Δ le nombre des courbes à point double qui font partie d'un système de courbes de la sixième classe.

En outre, s'il s'agit d'un système de courbes de la quatrième classe, nous appelons :

δ le degré du lieu des points doubles,
θ la classe de l'enveloppe des tangentes aux points doubles,
R le nombre des courbes à rebroussement,
N le nombre des courbes à deux points doubles.

Et s'il s'agit d'un système de courbes de la troisième classe :

ρ le degré du lieu des points de rebroussement,
τ la classe de l'enveloppe des tangentes de rebroussement,
n le nombre des courbes décomposables en une conique et une tangente à cette conique.

Enfin, pour abréger, nous dirons quelquefois, par exemple, la courbe δ, au lieu de la courbe lieu des points doubles dont le degré est δ; ou bien encore la courbe N, pour une des N courbes à deux points doubles faisant partie du système.

II.

A. Formule $\quad 4\mu = \nu + 2\alpha + 6\beta + 2\delta + 3\rho.$

Démonstration. — Par un point X pris sur une droite L, passent μ courbes qui coupent L en 2μ autres points U; à un point U correspondent de même 2μ points X; le nombre des coïncidences est 4μ. Elles proviennent de causes diverses.

1° — Il existe ν courbes du système tangentes à la droite L, ce qui fait ν points de contact, fournissant ν coïncidences simples.

2° — *fig.* 2. — Dans le système, α courbes sont formées de droites doubles et de droites simples. Les intersections des droites doubles et de la droite L donnent des coïncidences. En suivant le déplacement de la courbe aplatie, dont la limite est l'ensemble de deux droites, on reconnaît que deux courbes viennent successivement passer par un point X' infiniment voisin de celui où la coïncidence a lieu. Elles coupent L en deux points U' et U'' infiniment voisins de X'. Les distances X'U', X'U'' étant de l'ordre de XX', en nous reportant à la courbe C, nous trouverons qu'elle possède un point double sur la bissectrice. Donc les courbes à branche double produisent 2α coïncidences.

3° — β courbes du système se réduisent à des droites triples. Par un point X' infiniment voisin du point (X,U) où une droite triple coupe L, passent trois courbes infiniment aplaties, ou bien les trois branches de la courbe mobile et variable de forme dont la limite est la droite triple, on aura 6 points U', infiniment voisins de X', ce qui correspond pour la courbe C à un point sextuple sur la bissectrice. Donc 6β coïncidences.

4° — *fig.* 3. — Si toutes les courbes du système sont douées de points doubles ou de rebroussement, le lieu géométrique de ces points rencontre L en un certain nombre de points δ ou ρ. Soit X ou U l'une des intersections ; si l'on regarde le déplacement des courbes génératrices du système comme déterminé par le déplacement du point multiple sur la courbe MN, on voit que deux courbes viendront successivement passer par un point X′ infiniment voisin de X, et par suite, il existe deux points U′ et U″ tels que les distances X′U′, X′U″ sont du premier ordre ou de l'ordre $\frac{3}{2}$ suivant qu'il s'agit de points doubles ou de rebroussement, PX′ et P′X′ étant du premier ordre, si l'on prend XX′ pour infiniment petit principal. Dans le cas des courbes à rebroussement, si d'un côté de X, U′ et U″ sont réels, de l'autre ils sont imaginaires. La courbe C a donc un point double ou un point de rebroussement sur la bissectrice ; elle est d'ailleurs symétrique par rapport à cette bissectrice, donc elles ont deux ou trois points communs confondus. Ainsi 2δ ou 3ρ coïncidences sont dues aux rencontres de L et du lieu des points multiples.

La formule, telle que nous l'avons écrite, correspond à un système idéal possédant des particularités qui, en général, ne se trouvent pas ensemble. Dans les applications, il suffira de faire, suivant les cas, $\delta = 0$, ou $\rho = 0$, ou $\alpha = 0$, où $\beta = 0$, etc.

B. Formule $2(c-1)\nu = \mu + 3\iota + \alpha + \Delta + 2N.$

Démonstration. — A une droite OX sont tangentes ν courbes, auxquelles on peut mener par le point O, $c-1$ autres tangentes OU, c étant la classe des courbes du système. Au rayon OU correspondent de même $(c-1)\nu$ rayons OX ; donc $2(c-1)\nu$ rayons OX coïncident avec des rayons correspondants OU.

1° — μ courbes passent en O ; elles ont μ tangentes en ce point, μ coïncidences simples.

2° — *fig. 4.* — Par le point O passent ι tangentes d'inflexion. Soit OX ou OU l'une d'elles, à une droite OX′ infiniment voisine sont tangentes deux courbes dont les tangentes d'inflexion sont infiniment voisines de OX′ ; à chacune de ces deux courbes on peut mener une autre tangente, et l'on a deux rayons OU′, OU″ de part et d'autre de OX′ réels ou imaginaires suivant que OX' est d'un côté ou de l'autre par rapport à OX, les angles $U'OX'$, $U''OX''$ étant infiniment petits par rapport à $X'OX$, la courbe C a pour tangente la bissectrice et le nombre des coïncidences est $3t$. — En considérant particulièrement des courbes de la troisième classe, la formule A s'écrit $4\mu = \nu + 3\rho + \dots$; la formule B doit donc être $4\nu = \mu + 3t + \dots$ Ce terme $3t$ doit exister dans tous les cas, puisque le raisonnement direct se doit faire sans tenir compte de la classe.

$3°$ — Si l'on joint au point O, le point triple d'une courbe à branche double, on aura deux tangentes confondues. Le nombre des coïncidences de cette espèce est α.

$4°$ — S'il s'agit de courbes de la sixième classe, en joignant le point O à l'un des points doubles des courbes exceptionnelles on obtiendra deux tangentes confondues. D'où Δ coïncidences.

$5°$ — Considérons maintenant une courbe à deux points doubles, faisant partie d'un système de courbes de la quatrième classe. Le lieu des points doubles est une courbe δ, et le déplacement du point double sur cette courbe entraîne le déplacement de la courbe variable de forme qui engendre le système. Or quand on approche d'un point a de la courbe δ, la génératrice tend à acquérir un second point double b, qui disparaît quand on dépasse le point a. En continuant à parcourir δ on arrive en b, et la génératrice tend à acquérir un deuxième point double a qui est alors accidentel ; donc la courbe décomposée doit être considérée comme la limite de deux courbes distinctes, ayant l'une a pour point double et b pour singularité, l'autre b pour point double et a pour singularité. Joignant alors le point O aux points singuliers a et b, on obtient deux coïncidences, et pour toutes les courbes décomposées $2N$.

Il est à noter que si les conditions sont telles que l'on sache quel est le point double vrai, ce qui arrive par exemple quand toutes les courbes ont un même point double donné, le nombre de coïncidences est simplement N.

C. Formule $\quad g\mu + 3t = 3i + n + 2g\alpha + 3g\beta.$

Démonstration. — Par un point X pris sur une droite L passent μ courbes dont les tangentes d'inflexion coupent la courbe en $g\mu$ points U, *g* étant le nombre des points d'inflexion de chaque courbe. Par un point U passent *t* tangentes d'inflexion appartenant à *t* courbes, qui coupent la droite L en $3t$ points X. Donc $g\mu + 3t$ points coïncidents.

1° — *fig.* 5. — Le lieu des points d'inflexion coupe L en *i* points; soit X ou U l'un de ces points de part et d'autre duquel nous prendrons les points I et I′ qui sont les points d'inflexion de deux courbes coupant la droite L en X′ et X″ tandis que les tangentes d'inflexion coupent la droite en U′ et U″. Les distances X′U′, X″U″ sont de signes contraires et du 3e ordre par rapport à IX′, I′X″ ou XX′ et XX″. La courbe C possède un point d'inflexion dont la tangente est la bissectrice; cela fait trois points communs, et en tout $3i$ coïncidences.

2° — Les courbes *n* sont formées chacune d'une conique et d'une droite qui est tangente d'inflexion. Les *n* points où ces droites rencontrent L sont *n* points X coïncidant avec des points U.

3° — Dans le cas des courbes à branche double, *g* tangentes d'inflexion sont confondues avec la droite double, ce qui donne évidemment des points coïncidents. Par un point U′ infiniment voisin de l'un d'eux passent les tangentes d'inflexion à des courbes aplaties qui rencontrent L en $2g$ points X′, et par un point X′ passent deux courbes donnant $2g$ tangentes d'inflexion, c'est-à-dire $2g$ points U′; la courbe C possède un point multiple d'ordre $2g$ sur la bissectrice. S'il était question d'une droite triple, le point multiple serait d'ordre $3g$; nous avons donc $2g\alpha$ coïncidences dues aux courbes à branche double et $3g\beta$ dues aux courbes à branche triple.

D. Formule $\quad 4\mu + 2\nu = i + 5\alpha + 9\beta + 2N + 3n + 2\rho + 2\delta.$

Démonstration. — Prenons deux droites fixes L et L′; par un point X, pris sur L passent μ courbes, coupant L′ en 3μ points *a*, et les 3μ tangentes en ces points déterminent sur L 3μ points U. On sait que si par un point on mène des tangentes aux courbes du système, le lieu des points de contact est d'ordre $\mu + \nu$. Donc à un point U correspondent sur L′, $\mu + \nu$ points *a* appartenant à des courbes qui coupent L en $3(\mu + \nu)$ points X; on aura $6\mu + 3\nu$ coïncidences.

1° — *fig.* 6. — μ courbes passent au point X où se coupent L et L′; sur L′

prenons de part et d'autre de X les points a et a' par lesquels passent deux courbes infiniment voisines; elles coupent L en X' et X'', tandis que les tangentes coupent L en U' et U''; les distances X'U', X''U'' de même signe sont du second ordre, donc la courbe C a pour tangente la bissectrice, cela fait 2μ coïncidences.

2° — Une courbe à branche double fournit 5 coïncidences. En effet, la droite simple rencontre L' en un point a et L en un point X ou U, ce qui fait une coïncidence. Prenons sur L un point infiniment voisin de la droite double, il y passe deux courbes aplaties coupant L' en quatre points infiniment voisins de la droite double, ce qui donne quatre tangentes et par suite quatre points U' infiniment voisins de X'. La courbe C possède un point multiple sur la bissectrice. On voit que les courbes à branche double donneront 5α coïncidences et les courbes à branche triple 9β.

3° — Une courbe à deux points doubles contient une droite qui rencontre L' en un point a et L en un point X ou U. La courbe exceptionnelle est, comme on l'a déjà remarqué, la limite de deux courbes distinctes; par le point X' passeront deux courbes, et l'on aura deux points U'; $2N$ coïncidences.

4° — Soit une courbe formée d'une conique et d'une tangente à cette conique, la droite coupe L' en un point a, L en un point X ou U. Si l'on passe à la courbe infiniment voisine on trouve que la distance X'U' est du 3ᵉ ordre, la courbe C a pour tangente d'inflexion la bissectrice, ce qui correspond à $3n$ coïncidences.

5° — Les autres coïncidences proviennent de droites touchant une courbe du système en un point situé sur L' et coupant la même courbe sur L.

Soit O un point fixe et H une droite fixe, par un point x pris sur H passent μ courbes auxquelles on peut mener en ce point μ tangentes qui coupent de nouveau les courbes en μ points b, et les droites Ob déterminent sur H μ points u. Ou étant pris arbitrairement, il existe k droites coupant les courbes en des points b sur Ou, et touchant les mêmes courbes en des points x situés sur H. On a donc k points x pour un point u, $k + \mu$ coïncidences, parmi lesquelles $\mu + \nu$ sont dues aux droites issues du point O, et touchant les courbes sur H; i s'obtiennent en prenant pour x des points d'inflexion situés sur H; 2ρ ou 2δ en prenant pour u des points de rebroussement ou des points doubles. Dans ces deux cas, en effet, au point x' correspondent deux points b'; les distances $x'b'$ sont du premier ordre, il en est de même de $x'u'$; la courbe C présente des points doubles. Ceci étant, nous avons

$$k + \mu = \mu + \nu + i + 2\rho + 2\delta,$$
$$6\mu + 3\nu = 2\mu + 5\alpha + 9\beta + 2N + 3n + k;$$

et en éliminant k,

$$4\mu + 2\nu = i + 5\alpha + 9\beta + 2N + 3n + 2\rho + 2\delta.$$

E. Formule

$$2(c-1)\nu + 2\mu = 2t + \tau + 2(c-1)\alpha + 2c\beta + 3n + 2\Delta + 4n + 2R.$$

Démonstration. — Soient O et O' deux points fixes. A une droite OX sont tangentes ν courbes auxquelles on peut mener $c\nu$ tangentes par le point O', on a $c\nu$ points de contact a, $c\nu$ rayons Oa ou OU. Sur une droite OU se trouvent $\mu + \nu$ contacts de tangentes issues de O'; aux $\mu + \nu$ courbes corrrespondantes on peut mener $c(\mu + \nu)$ tangentes par le point O ; ce sont des rayons OX, on aura $c(2\nu + \mu)$ coïncidences.

1° — On trouvera 2ν coïncidences provenant de ν courbes tangentes à OO'.

2° — OX étant le rayon qui passe au point triple d'une courbe à branche double, les deux tangentes O'a se confondent ; deux rayons Ou sont confondus avec OX et *vice versa*. De plus, en prenant pour OX le rayon qui passe en un sommet situé sur la droite double, on aura un point a en ce sommet. Passant à la courbe infiniment voisine, on trouve l'angle a' OX' du second ordre, ce qui fait une double coïncidence. On aura donc $2 + 2(c-2)$ coïncidences pour chaque courbe exceptionnelle, une coupe à branche triple en donnera $2c$; en tout $2(c-1)\alpha + 2c\beta$.

3° — Les courbes n donnent $3n$ coïncidences.

4° — Une courbe à point double fournit 2 coïncidences, puisque du point O', on tire deux droites O'a passant en ce point double ; donc 2Δ coïncidences.

5° — Les courbes à deux points doubles donnent deux coïncidences pour chaque point accidentel, en tout 4N.

6° — Dans un système de la 4° classe se trouvent des courbes à rebroussement ; prenons pour OX, le rayon passant par un point de rebroussement, nous aurons 2 coïncidences, en tout 2R.

7° — Les autres coïncidences sont dues à ce qu'il existe λ tangentes issues du point O et contenant les contacts de tangentes issues de O'.

G étant un point fixe et H une droite fixe, à Gx sont tangentes ν courbes, en ν points b, par chacun desquels on peut mener $c - 2$ tangentes, coupant H en $\nu(c - 2)$ points u. Or λ droites Gx touchent des courbes du système et renferment les contacts des tangentes correspondantes issues d'un point u, arbitrairement choisi sur H ; le nombre des rayons Gx, qui coïncident avec des rayons correspondants Gu est $\nu(c - 2) + \lambda$. τ s'obtiennent en prenant les tangentes de rebroussement qui passent en G, $2t$ en considérant les tangentes d'inflexion, et $(c - 2)(\mu + \nu)$ sont dues aux tangentes issues de G et touchant les courbes sur H ; donc :

$$\lambda + \nu(c - 2) = \tau + 2t + (\mu + \nu)(c - 2),$$
$$c(2\nu + \mu) = 2\nu + 2(c - 1)\alpha + 2c\beta + 3n + 2\Delta + 4N + 2R + \lambda.$$

Éliminant λ :

$$2(c - 1)\nu + 2\mu = \tau + 2t + 2(c - 1)\alpha + 2c\beta + 3n + 2\Delta + 4N + 2R.$$

F. — Formule $\quad 2i + g\mu = t + g\alpha + 2g\beta + 2\Delta + 2N + 3R + 2n.$

Démonstration. — Considérons une série de droites Y toutes parallèles et coupées par un axe $\omega\omega'$; sur toute droite Y sont i points d'inflexion appartenant à i courbes qui coupent cette droite en $2i$ nouveaux points, ce qui produit $2i$ segments ayant chacun pour origine un point d'inflexion et pour extrémité un point de la même courbe. Il existe μ courbes ayant une asymptote parallèle à la droite Y, les parallèles qui passent par les $g\mu$ points d'inflexion correspondants contiennent $g\mu$ segments infinis. Faisons glisser tous les segments sur les droites qui les contiennent de manière que les origines viennent sur $\omega\omega'$, les extrémités seront sur une courbe P ayant à l'infini dans la direction Y un point multiple d'ordre $g\mu$ et rencontrée par une ordonnée quelconque en $2i$ points à distance finie, cette courbe est donc de l'ordre $2i + g\mu$, l'axe $\omega\omega'$ la coupe en $2i + g\mu$ points, lesquels proviennent de ce que certains segments sont nuls.

1° — Si l'une des droites Y est tangente d'inflexion, la droite infiniment voisine passant par le point d'inflexion d'une courbe voisine, contient deux segments de signes contraires, réels d'un côté de Y, mais imaginaires de l'autre côté. La courbe P est tangente à Y et coupe $\omega\omega'$ en un seul point. On a ainsi t intersections.

2° — Faisons passer Y par les points d'inflexion d'une courbe à branche double, nous obtiendrons g segments nuls, et s'il s'agit d'une droite triple, nous en aurons $2g$, ce qui fera $g\alpha + 2g\beta$ points de rencontre de l'axe et de la courbe P.

3° — Si la droite Y passe par le point double d'une courbe Δ, elle renferme deux segments nuls, ce qui donne deux intersections, en tout 2Δ.

4° — La droite Y passant par le point accidentel d'une courbe N, renferme le point d'inflexion, contient un segment nul. On aura $2N$ intersections.

5° — La droite Y passant par le point de rebroussement d'une courbe R, on reconnaît que la courbe P a pour tangente de rebroussement l'axe $\omega\omega'$, ce qui fait $3R$ intersections.

6° — Menons la droite Y par le point de rebroussement d'une conrbe n, la courbe P sera tangente à $\omega\omega'$, nous aurons $2n$ points de rencontre.

G. — Formule $\quad \nu + (c - 1)\mu = \theta + t + 2\tau + \alpha + c\beta$.

Démonstration. — Considérons toujours les parallèles Y et l'axe $\omega\omega'$. A toute droite Y sont tangentes ν courbes, qui les rencontrent de nouveau en ν points extrémités de ν segments dont les contacts sont les origines. μ courbes ont des asymptotes parallèles à la direction considérée, ces asymptotes renferment μ segments dont l'origine est à l'infini, et en menant à chaque courbe $c - 2$ tangentes parallèles à Y on a des segments dont les extrémités sont à l'infini, ce qui fait en tout $\mu + (c - 2)\mu$ ou $(c - 1)\mu$ segments infinis ; la courbe P coupera $\omega\omega'$ en $\nu + (c - 1)\mu$ points.

1° — Les tangentes aux points doubles dans le cas des courbes de la quatrième classe-sont en nombre θ parallèles à Y, elles donnent θ segments nuls et θ intersections.

2° — Les tangentes d'inflexion donnent t points d'intersection.

3° — Les droites Y passant par les points triples des courbes α, contiennent des segments nuls et donnent α intersections. Les droites Y passant par les sommets d'une droite triple donnent c intersections, en tout $c\beta$.

4° — *fig.* 7. — Les tangentes de rebroussement donnent évidemment des segments nuls. Soient Y et Y' deux ordonnées voisines, touchant les courbes en O et M, Z' la tangente de rebroussement à la seconde courbe. MM' est du second ordre; l'angle YOZ' étant du premier, la courbe P touche l'axe $\omega\omega'$ et nous avons 2τ intersections.

H. — Formule $\mu + 3\tau = 3\rho + n + 2\alpha + 3\beta$. Systèmes de la 3ᵉ classe.

Démonstration. — Par un point X pris sur la droite L passent μ courbes dont les tangentes de rebroussement déterminent sur L, μ points U. Par un point U passent τ tangentes de rebroussement appartenant à τ courbes qui coupent L en 3τ points X. Le nombre des coïncidences est $\mu + 3\tau$.

1° — *fig.* 8. — Les points de rencontre de la droite L et du lieu des points de rebroussement donnent des coïncidences. Soit X ou U l'un de ces points, par le point X' infiniment voisin, passeront deux courbes dont les tangentes de rebroussement détermineront sur L deux points U' tels que les distances X'U' sont de signes contraires et de l'ordre $\frac{3}{2}$, ce qui fait 3ρ coïncidences.

2° — Les courbes n donnent n coïncidences, la droite qui fait partie de la courbe exceptionnelle étant tangente de rebroussement.

3° — Une courbe aplatie à branche double coupe L en un point X ou U situé sur la droite double, et par le point infiniment voisin X' passent deux courbes, qui donnent deux tangentes de rebroussement, deux points U', cela fait 2α coïncidences; on trouverait 3β pour les droites triples.

H'. — Formule $2\mu + 3\theta = 6\delta + 2N + 4\alpha + 6\beta$. Systèmes de la 4ᵉ classe.

Démonstration. — On établit une correspondance entre les points X où la droite L coupe les courbes, et les points U où elle coupe les tangentes aux points doubles. $2\mu + 3\theta$ coïncidences.

1° — *fig*. 8. — X ou U étant l'intersection de L et du lieu δ, par le point X' passent deux courbes ayant 4 tangentes, ce qui donne 4 distances U'X' dont deux sont du 1ᵉʳ ordre et deux autres du second ordre. La courbe C a donc deux branches coupant la bissectrice et deux branches touchant cette bissectrice; cela donne six points communs. 6δ coïncidences.

2° — Les droites faisant partie des courbes à deux points doubles coupent L en N points, par suite de ce que chaque courbe est limite de deux courbes distinctes; on a $2N$ coïncidences.

3° — Les courbes aplaties donnent évidemment $6\beta + 4\alpha$ points coïncidents.

I. — Formule $2\theta = R + 2\delta + 2\alpha + 2\beta$. Systèmes de la 4ᵉ classe.

Démonstration. — On fait correspondre les points X où la droite L rencontre l'une des tangentes au point double avec les points U où elle rencontre l'autre tangente d'une même courbe. 2θ coïncidences.

1° — Pour chaque tangente de rebroussement, deux tangentes en un point double sont confondues, donc R coïncidences.

2° — Pour les points situés sur le lieu δ ou sur les branches multiples, on considère les points voisins par lesquels passent deux tangentes et deux courbes distinctes, et les deux autres tangentes donnent deux points U'; donc $2\delta + 2\alpha + 2\beta$ coïncidences.

J. — Formule $\nu + 3i = 3t + n$. Systèmes de la 3ᵉ classe.

Démonstration. — À un rayon OX sont tangentes ν courbes ayant ν points d'inflexion qui, joints au point O, donnent ν rayons OU. Sur un rayon OU sont i points d'inflexion de i courbes auxquelles on peut mener par le point O $3i$ tangentes OX. $\nu + 3i$ coïncidences.

1° — *fig.* 4. — Prenons pour OX l'une des tangentes d'inflexion qui passent en O, deux courbes seront tangentes au rayon OX' infiniment voisin en des points infiniment voisins du contact qui se trouve sur OX. Joignons au point O les deux points d'inflexion, nous aurons deux rayons OV', OV'' de part et d'autre de OX' faisant des angles V'OX', V''OX'' infiniment petits par rapport à X'OX ; ces deux rayons deviennent imaginaires de l'autre côté de OX ; la courbe C possède un point de rebroussement, et nous avons $3t$ coïncidences.

2° — Les courbes n, donnent n rayons coïncidents, car la droite qui passe par le point multiple d'une de ces courbes, passe au point d'inflexion et, de plus, est tangente.

K. — Formule $\nu + 3\rho = 3\tau + n$. Systèmes de la 3e classe.
K'. — Formule $\nu + 4\delta = 2\theta + R$. Systèmes de la 4e classe.

Démonstration. — Au rayon OX sont tangentes ν courbes, ce qui donne ν points multiples, ν droites OU. Sur OU sont ρ points de rebroussement ou δ points doubles, et l'on mène 3ρ ou 4δ tangentes OX aux courbes possédant ces points multiples, donc $\nu + 3\rho$ ou $\nu + 4\delta$ coïncidences.

1° — *fig.* 9. — Soit une tangente en un point multiple passant en O. Menons des rayons infiniment voisins de part et d'autre de OX, les angles X'OU' seront de signes contraires et infiniment petits par rapport à X'OX dans le premier cas, de même signe et infiniment petits par rapport à X'OX dans le second ; la courbe C aura pour tangente d'inflexion ou pour tangente simple la bissectrice, ce qui fait 3τ ou 2θ coïncidences.

2° — La droite qui joint au point O le point multiple d'une courbe exceptionnelle n, ou R, est tangente à la courbe ; donc n ou R coïncidences.

L — Formule $\mu + \rho = 2\tau + \beta$. Systèmes de la 3e classe.
L' — Formule $\mu + \delta = \theta + \beta$. Systèmes de la 4e classe.

Démonstration. — Considérons une série de parallèles et un axe $\omega\omega'$. Sur chaque ordonnée sont ρ et δ points multiples, appartenant à des courbes qui coupent de nouveau l'ordonnée en autant de points extrémités de ρ ou de δ segments dont les points multiples sont origines. μ courbes ayant des asymptotes parallèles à Y, nous avons μ segments infinis ; la courbe P est de l'ordre $\mu + \rho$ ou $\mu + \delta$.

1° — Faisant passer Y par le point multiple d'une courbe à branche triple, nous avons un segment nul ; donc de cette manière β intersections de l'axe et de la courbe P.

2° — *fig*. 10. — Soit Y une tangente en un point multiple, Y et Y′ étant deux droites infiniment voisines contenant les points multiples O et O′, Y et Z′ les tangentes aux points multiples, l'angle Z′O′Y′ est du premier ordre, et la distance O′M est du second ordre s'il s'agit de rebroussement, du premier ordre s'il s'agit de point double ordinaire ; la courbe P dans le premier cas est tangente à l'axe ; dans le second cas, elle le coupe en un seul point. Donc 2τ ou θ intersections.

Toutes ces formules ne sont pas distinctes, ce qui permet de vérifier plusieurs d'entre elles, en admettant les autres démontrées.

Supposons, par exemple, que l'on cherche à déterminer les coefficients de n dans les formules D et F. On peut procéder ainsi : toutes les formules étant supposées s'appliquer à un système de courbes de la 3ᵉ classe, dans lequel il n'existerait pas de courbes aplaties, nous écrirons :

$$
\begin{array}{lll}
\text{A} & 4\mu = \nu + 3\rho \qquad \text{ou} & 3\rho = 4\mu - \nu \\
\text{B} & 4\nu = \nu + 3t & 3t = 4\nu - \mu \\
\text{C} & \mu + 3t = 3i + n & 3i = 4\nu - n \\
\text{J} & \nu + 3i = 3t + n & \\
\text{D} & 4\mu + 2\nu = i + xn + 2\rho & 12\mu + 6\nu = 3i + 3xn + 6\rho, \\
\text{F} & 2i + \mu = t + yn & 6i + 3\mu = 3t + 3ny.
\end{array}
$$

Remplaçons dans les deux dernières formules, i, t et ρ par leurs valeurs :

$$
\begin{aligned}
12\mu + 6\nu &= 4\nu - n + 3xn + 8\mu - 2\nu, \\
8\nu - 2n + 3\mu &= 4\nu - \mu + 3ny,
\end{aligned}
$$

c'est-à-dire

$$
\begin{aligned}
4\mu + 4\nu &= (3x - 1)n, \\
4\mu + 4\nu &= (3y + 2)n.
\end{aligned}
$$

D'autre part, en ajoutant membre à membre les formules C et J, il vient :

$$\mu + \nu = 2n,$$

donc

$$3x - 1 = 8, \quad x = 3, \quad 3y + 2 = 8, \quad y = 2;$$

ce qui s'accorde avec les résultats trouvés plus haut.

Nous allons, du reste, transformer nos formules de manière à mettre en évidence ce fait que plusieurs sont les conséquences des autres.

1° — Système de la 3e classe. Les formules sont :

A	$4\mu = \nu + 2\alpha + 6\beta + 3\rho$	G	$\nu + 2\mu = \alpha + 3\beta + 2\tau + t$
B	$4\nu = \mu + 3t + \alpha$	H	$\mu + 3\tau = n + 2\alpha + 3\beta + 3\rho$
C	$\mu + 3t = 3i + n + 2\alpha + 3\beta$	J	$\nu + 3i = 3t + n$
D	$4\mu + 2\nu = i + 5\alpha + 9\beta + 3n + 2\rho$	K	$\nu + 3\rho = 3\tau + n$
E	$4\nu + 2\mu = 2t + \tau + 4\alpha + 6\beta + 3n$	L	$\mu + \rho = 2\tau + \beta$
F	$2i + \mu = t + \alpha + 2\beta + 2n$		

Au moyen des formules A, B, C et K nous avons successivement :

$$3\rho = 4\mu - \nu - 2\alpha - 6\beta$$
$$3t = 4\nu - \mu - \alpha$$
$$3i = 4\nu - 3\alpha - 3\beta - n$$
$$3\tau = 4\mu - 2\alpha - 6\beta - n.$$

Substituant les valeurs de ρ, t, i, et τ dans les autres formules, il vient toujours, après réduction :

$$\mu + \nu = 2n + 2\alpha + 3\beta,$$

et nous avons seulement cinq relations entre les neuf quantités μ, ν, etc.

2° — Systèmes de la 4e classe. Les formules sont :

A	$4\mu = \nu + 2\alpha + 6\beta + 2\delta$	G	$\nu + 3\mu = \theta + t + \alpha + 4\beta$
B	$6\nu = \mu + 3t + \alpha + 2N$	H′	$2\mu + 3\theta = 6\delta + 2N + 4\alpha + 6\beta$
C	$3\mu + 3t = 3i + 6\alpha + 9\beta$	I	$2\theta = R + 2\delta + 2\alpha + 2\beta$
D	$4\mu + 2\nu = i + 5\alpha + 9\beta + 2N + 2\delta$	K′	$\nu + 4\delta = 2\theta + R$
E	$6\nu + 2\mu = 2t + 6\alpha + 8\beta + 4N + 2R$	L′	$\mu + \delta = \theta + \beta.$
F	$2i + 3\mu = t + 3\alpha + 6\beta + 2N + 3R$		

Des formules A, B, C, L' et K' on tire successivement :

$$2\delta = 4\mu - \nu - 2\alpha - 6\beta$$
$$3t = 6\nu - \mu - \alpha - 2N$$
$$3i = 6\nu - 7\alpha - 9\beta - 2N + 2\mu$$
$$2\theta = 6\mu - \nu - 2\alpha - 8\beta$$
$$R = 2\mu - 2\alpha - 4\beta.$$

Substituant dans les autres formules, on trouve toujours, après réduction :

$$3\nu - 2\mu = 2\alpha + 4N.$$

Il faut excepter cependant la formule I, laquelle devient une identité.

Cette fois nous obtenons 6 relations entre 10 quantités.

3° — Systèmes de la 6ᵉ classe. Les formules sont :

A $\quad 4\mu = \nu + 2\alpha + 6\beta$ $\qquad$ E $\quad 10\nu + 2\mu = 2t + 10\alpha + 12\beta + 2\Delta$

B $\quad 10\nu = \mu + 3t + \alpha + \Delta$ $\qquad$ F $\quad 2i + 9\mu = t + 9\alpha + 18\beta + 2\Delta$

C $\quad 9\mu + 3t = 3i + 18\alpha + 27\beta$ $\qquad$ G $\quad \nu + 5\mu = t + \alpha + 6\beta.$

D $\quad 4\mu + 2\nu = i + 5\alpha + 9\beta$

Des formules G, D, B ont tire successivement :

$$t = \nu + 5\mu - \alpha - 6\beta$$
$$i = 4\mu + 2\nu - 5\alpha - 9\beta$$
$$\Delta = 7\nu - 16\mu + 2\alpha + 18\beta;$$

et en substituant dans les autres, on trouve :

$$4\mu = \nu + 2\alpha + 6\beta,$$

en sorte qu'il existe quatre relations distinctes entre sept quantités.

On voit que pour arriver à la détermination des diverses inconnues, qui se rapportent à un système, il faut en connaître directement un certain nombre, desquelles on déduit les autres par le moyen des relations précédentes.

III.

COURBES A REBROUSSEMENT DONNÉ.

Dans les systèmes que nous allons d'abord examiner, chaque courbe doit avoir pour point de rebroussement un point donné P ; nous désignerons cette condition par R et nous écrirons :

$$(R.4p), \quad (R.3p.1d), \quad (R.2p.2d), \quad (R.1p.3d), \quad (R.4d),$$

pour exprimer les cinq systèmes définis par la condition quadruple R et par quatre conditions élémentaire. Par exemple, (R. 3 p. 1 d) signifie le système des courbes ayant pour rebroussement le point P, passant par trois points donnés et touchant une droite donnée.

Les quantités qui se rapportent à ces systèmes se réduisent à huit, μ, ν, i, t, α, β, τ, n, puisque ρ est nul. Sur une droite quelconque ne se trouve en effet aucun point de rebroussement.

Nous déterminons directement les valeurs de n, et pour certains systèmes celles de α et de β.

Valeurs de n. — Soient S et T une conique et une droite dont l'ensemble constitue une courbe exceptionnelle; nous avons deux cas à considérer.

1° — La conique S passe en P et satisfait aux quatre conditions élémentaires données, la droite T est la tangente en P, ce qui donne successivement pour les cinq systèmes :

$$1, \ 2, \ 4, \ 4, \ 2, \ \text{solutions.}$$

2° — La droite T joint le point P à l'un des points donnés, la conique la touche en P et satisfait aux trois conditions restantes; on peut mener la droite T de

$$4, \ 3, \ 2, \ 1, \ 0 \ \text{manières,}$$

et chaque droite fournit

$$1, 2, 2, 1, \text{ » coniques;}$$

donc

$$4, 6, 4, 1, 0 \text{ solutions nouvelles.}$$

Les valeurs de n sont

$$5, 8, 8, 5, 2.$$

Valeurs de α *et de* β. — Par le premier système $\alpha = 0$, par cinq points on ne peut faire passer deux droites. Et dans le dernier système, on a encore $\alpha = 0$; car une courbe aplatie à branche double ayant seulement deux points de tangence, ne peut passer par un point et toucher quatre droites.

Dans les trois premiers systèmes $\beta = 0$. Dans le 4e, on trouve une droite triple effective, et dans le 5e, on a six manières de mener la droite triple par le point P et l'un des sommets du quadrilatère complet formé par les droites données. β sera multiple de 6.

Détermination des caractéristiques. — Nous avons les formules

$$a \begin{cases} \mu + \nu = 2n + 2\alpha + 3\beta, & \text{et puisque} \quad \rho = 0, \\ 4\mu = \nu + 2\alpha + 6\beta. \end{cases}$$

Système (R.$4p$). — $\alpha = 0$, $\beta = 0$, $n = 5$, donc

$$\mu + \nu = 10, \quad 4\mu = \nu;$$

d'où

$$\mu = 2, \quad \nu = 8.$$

Ces deux nombres sont ceux donnés par le calcul ou la construction géométrique directe.

Système (R.$3p.1d$). — $\beta = 0$, $\mu = 8$, $n = 8$, donc

$$8 + \nu = 16 + 2\alpha$$
$$32 = \nu + 2\alpha;$$

d'où

$$\nu = 20, \quad = 6.$$

Système (R. $2p.2d$). — $\beta = 0$, $\mu = 20$, $n = 8$,

$$20 + \nu = 16 + 2\alpha$$
$$80 = \nu + 2\alpha;$$

d'où

$$\nu = 38, \quad \alpha = 21.$$

Systèmes (R. $1p.3d$) et (R. $4d$). Soient 38 et x, x et y les caractéristiques, α et β les nombres des courbes aplaties pour le 1er système, 0 et β' pour le second, les formules a deviennent :

$$38 + x = 10 + 2\alpha + 3\beta, \quad (n = 5)$$
$$4.38 = x + 2\alpha + 6\beta$$
$$x + y = 4 + 3\beta' \quad (n = 2)$$
$$4x = y + 6\beta'.$$

Multiplions ces équations par —5, 5, 2 et 2 et ajoutons, il vient :

$$612 = 15\beta + 18\beta'.$$

Or β et β' sont des nombres entiers, β' est multiple de 6, donc

$$\beta = 12, \quad \beta' = 24$$

puis

$$5x = 4 + 9\beta', \qquad x = 44$$
$$y = 4x - 6\beta', \qquad y = 32$$
$$2\alpha = 38 + x - 10 - 3\beta, \qquad \alpha = 18.$$

Les nombres μ, ν, α, β, n connus, on obtient t, i, τ par les formules de la page 21, et l'on peut dresser le tableau suivant :

Systèmes :	μ	ν	n	α	β	t	τ	i
(R $4p$)	2	8	5	0	0	10	1	9
(R $3p\ 2d$)	8	20	8	6	0	22	4	18
(R $2p\ 2d$)	20	38	8	21	0	37	10	27
(R $p\ 3d$)	38	44	5	18	12	40	13	27
(R $4d$)	44	32	2	0	24	28	10	18

COURBES A REBROUSSEMENT SUR UNE DROITE DONNÉE.

Soit Λ une droite donnée, nous écrirons :

$$\mathrm{R}(\Lambda.5p), \quad \mathrm{R}(\Lambda.4p.d), \quad \mathrm{R}(\Lambda.3p.2d), \quad \mathrm{R}(\Lambda.2p.3d) \quad \mathrm{R}(\Lambda.p.4d), \quad \mathrm{R}(\Lambda.5d)$$

pour exprimer les six systèmes définis par cinq conditions élémentaires et par la condition triple imposée à chaque courbe d'avoir un point de rebroussement sur la droite Λ.

Les formules de la page 21 établissent cinq relations entre neuf quantités, mais nous pouvons déterminer directement les valeurs de n; nous connaissons celles de ρ, et en partie celles de α et de β.

Valeurs de ρ. — ρ désigne le nombre des courbes d'un système dont le rebroussement est sur une droite donnée L. Dans le cas actuel, ces courbes ont leur rebroussement à l'intersection de L et Λ; ρ exprime le nombre des courbes ayant un rebroussement donné et satisfaisant à cinq conditions élémentaires. Nous aurons pour les divers systèmes :

$$2, 8, 20, 38, 44, 32.$$

Valeurs de n. — Soit S la conique, T la droite dont l'ensemble constitue une courbe exceptionnelle.

1° — La conique S satisfait aux cinq conditions élémentaires, coupe Λ en deux points, par l'un ou l'autre desquels on mène la tangente T. On a successivement :

$$1, 2, 4, 4, 2, 1 \text{ coniques};$$

et par suite

$$2, 4, 8, 8, 4, 2 \text{ solutions}.$$

2° — La droite T contient l'un des points donnés; la conique S satisfait aux quatre conditions restantes et touche la droite T en un point situé sur Λ. Les coniques satisfaisant à quatre conditions élémentaires forment des systèmes de coniques ayant pour caractéristiques

$$(1,2), \quad (2,4), \quad (4,4), \quad (4,2), \quad (2,1), \quad »,$$

On sait que par un point on peut mener $\mu + \nu$ tangentes dont les contacts soient sur une droite donnée Λ, nous aurons par ce point :

$$3, \quad 6, \quad 8, \quad 6, \quad 3, \quad \text{\textit{n}} \text{ droites T,}$$

et comme le point donné peut être choisi de

$$5, \quad 4, \quad 3, \quad 2, \quad 1, \quad 0 \text{ manières,}$$

cela fait

$$15, \quad 24, \quad 24, \quad 12, \quad 3, \quad 0 \text{ solutions.}$$

3°—La droite T passe par deux des points donnés ; la conique S satisfait aux trois conditions restantes et touche T au point où celle-ci coupe Λ. On peut mener la droite T de

$$10, \; 6, \; 3, \; 1, \; 0, \; 0 \text{ manières;}$$

cette droite T fournit

$$1, \quad 2, \quad 2, \quad 1, \quad \text{\textit{n}}, \quad \text{\textit{n}} \text{ coniques;}$$

donc

$$10, \; 12, \; 6, \; 1, \; 0, \; 0 \text{ solutions.}$$

4° — L'une des droites données coupe Λ en un point a, la conique S satisfait aux quatre conditions restantes et passe en a, la droite T est la tangente en a ; on obtient :

$$\text{\textit{n}}, \; 1, \; 2, \; 4, \; 4, \; 2 \text{ coniques}$$

pour chaque droite donnée, et l'on prend celle-ci de

$$0, \; 1, \; 2, \; 3, \; 4, \; 5 \text{ manières;}$$

d'où

$$0, \; 1, \; 4, \; 12, \; 16, \; 10 \text{ solutions.}$$

5° — L'une des droites données coupe Λ en a, la droite T joint ce point à l'un des points donnés ; la conique satisfait aux trois conditions et touche T en a ; on prend la droite donnée de

$$0, \; 1, \; 2, \; 3, \; 4, \; 5 \text{ manières;}$$

le point donné de

$$5, \; 4, \; 3, \; 2, \; 1, \; 0 \text{ manières,}$$

chaque combinaison donne

$$\text{», 1, 2, 2, 1, » coniques;}$$

donc

$$0, \quad 4, \quad 12, \quad 12, \quad 4, \quad 0 \text{ solutions nouvelles.}$$

Additionnons les nombres trouvés pour chaque système :

$$
\begin{array}{rrrrrr}
2, & 4, & 8, & 8, & 4, & 2 \\
15, & 24, & 24, & 12, & 3, & 0 \\
10, & 12, & 6, & 1, & 0, & 0 \\
0, & 1, & 4, & 12, & 16, & 10 \\
0, & 4, & 12, & 12, & 4, & 0
\end{array}
$$

il vient pour n les valeurs

$$27, \ 45, \ 54, \ 45, \ 27, \ 12$$

Courbes à branches multiples. — Dans le premier et le dernier système $\alpha = 0$; car par cinq points on ne peut mener deux droites, et deux points de tangence ne peuvent se trouver sur cinq droites.

Dans les trois premiers systèmes $\beta = 0$, puisque l'on a plus de deux points donnés. Dans le 4e, on mène une droite par les deux points donnés; elle rencontre Λ en un point qui est le rebroussement et les trois droites en des points qui sont les sommets. Dans le cinquième système on peut mener six droites passant par le point donné et par l'un des sommets du quadrilatère complet formé par les droites données, et dans le sixième on trouve quinze droites joignant le point de concours de deux droites données au point de concours de deux des droites restantes.

Détermination des caractéristiques. — Les formules de la page 21 donnent :

$$
\begin{aligned}
4\mu &= \nu + 3\rho + 2\alpha + 6\beta \\
\mu + \nu &= 2n + 2\alpha + 3\beta.
\end{aligned}
$$

Système R $(\Lambda.5p)$, $\alpha = 0$, $\beta = 0$, $n = 27$, $\rho = 2$

$$
\begin{aligned}
4\mu &= \nu + 6 \\
\mu + \nu &= 54; \quad \text{d'où} \quad \mu = 12, \quad \nu = 42.
\end{aligned}
$$

Système R $(\Lambda.4p.1d)$, $\beta = 0$, $\mu = 42$, $n = 45$, $\rho = 8$

$$
\begin{aligned}
4.42 &= \nu + 24 + 2\alpha \\
42 + \nu &= 90 + 2\alpha; \quad \text{d'où} \quad \nu = 96, \quad \alpha = 24.
\end{aligned}
$$

Système R $(\text{A}.3p.2d)$, $\beta = 0$, $\mu = 96$, $n = 54$, $\rho = 20$

$$4.96 = \nu + 60 + 2\alpha$$
$$96 + \nu = 108 + 2\alpha, \quad \nu = 168, \quad \alpha = 78.$$

Ce procédé de calcul ne s'applique pas aux systèmes suivants, β étant différent de zéro. Aussi, avant d'aller plus loin, nous cherchons les valeurs de t pour les trois premiers systèmes, au moyen de la formule

B. $$4\nu = \mu + 3t + \alpha.$$

Il vient les nombres 52, 106 et 166.

Ceci posé, le nombre des courbes du troisième degré et de la troisième classe, dont le rebroussement est sur une droite, dont la tangente d'inflexion passe en un point, qui contiennent p points et touchent $5 - p$ droites, est le même que le nombre des courbes qui satisfont aux deux premières conditions, lesquelles sont corrélatives, passent par $5 - p$ points et touchent p droites. Donc les valeurs de t dans les derniers systèmes sont 166, 106 et 52.

Système R $(\text{A}.2p.3d)$, $\mu = 168$, $\rho = 38$, $n = 45$, $t = 166$

$$4.168 \quad = \quad \nu + 3.38 + 2\alpha + 6\beta$$
$$168 + \nu = \quad 90 + 2\alpha \quad + 3\beta$$
$$4\nu \quad = 168 + 3.166 + \alpha;$$

d'où l'on tire

$$\nu = 186, \quad \alpha = 78, \quad \beta = 36.$$

Système R $(\text{A}.1p.4d)$, $\mu = 186$, $\rho = 44$, $n = 27$, $t = 106$

$$4.186 \quad = \quad \nu + 3.44 + 2\alpha + 6\beta$$
$$186 + \nu = \quad 54 + 2\alpha \quad + 3\beta$$
$$4\nu \quad = 186 + 3.106 + \alpha;$$

d'où

$$\nu = 132, \quad \alpha = 24, \quad \beta = 72.$$

Système R $(\text{A}.5d)$, $\mu = 132$, $\rho = 32$, $n = 12$, $t = 52$

$$4.132 \quad = \quad \nu + 3.32 + 2\alpha + 6\beta$$
$$132 + \nu = \quad 24 + 2\alpha \quad + 3\beta$$
$$4\nu \quad = 132 + 3.52 + \alpha;$$

d'où

$$\nu = 72, \quad \beta = 60 \quad \text{et} \quad \alpha = 0,$$

comme nous l'avons dit plus haut.

Il ne reste plus qu'à calculer i et τ pour pouvoir former le tableau suivant :

Système	μ	ν	ρ	n	α	β	i	t	τ
R $(\Lambda.5p)$	12	42	2	27	0	0	47	52	7
R $(\Lambda.4p.1d)$	42	96	8	45	24	0	89	106	25
R $(\Lambda.3p.2d)$	96	168	20	54	78	0	128	166	58
R $(\Lambda.2p.3d)$	168	186	38	45	78	36	119	166	85
R $(\Lambda.\ p.4d)$	186	132	44	27	24	72	71	106	79
R $(\Lambda.\ 5d)$	132	72	32	12	0	60	32	52	32.

COURBES DEVANT AVOIR UN REBROUSSEMENT.

Six conditions déterminent un système de courbes du troisième degré et de la troisième classe; en prenant six conditions élémentaires simples, nous aurons sept systèmes :

R $(6p)$,   R $(5p.1d)$,   R $(4p.3d)$,   R $(3p.3d)$,   R $(2p.4d)$,   R $(p.5d)$,   R $(6d)$.

Dans tous ces systèmes, $\alpha = 0$ et $\beta = 0$; en effet, une courbe aplatie ne peut satisfaire qu'à cinq conditions élémentaires; dans les cas précédents nous avions une condition concernant le rebroussement, elle est ici remplacée par une condition élémentaire qu'on ne peut remplir en profitant de l'indétermination qui subsiste pour le rebroussement.

Le nombre des quantités inconnues se réduit à sept entre lesquelles existent cinq relations; et comme la valeur de ν, qui convient à un système, est la valeur de μ pour le suivant, nous n'avons à déterminer directement qu'un seul nombre pour chaque système. Ce sera n.

Valeurs de n. — S est la conique, T la droite qui, ensemble, forment une courbe décomposée.

1° — La droite T contient deux points donnés; la conique S satisfait aux conditions restantes et touche la droite; on peut prendre T de

15 10,   6, 3, 1, 0, 0 manières,

auxquelles correspondent

2,   4,   4, 2, 1, », » coniques;

ce qui fait

$$30, 40, 24, 6, 1, 0, 0 \text{ solutions.}$$

2° — La droite T contient deux points donnés, coupe en a l'une des droites données; la conique S satisfait aux trois conditions restantes et touche la droite en a. On prend T de

$$15, 10, 6, 3, 1, 0, 0 \text{ manières,}$$

et la droite donnée de

$$0, 1, 2, 3, 4, 5, 6 \text{ manières;}$$

à chaque combinaison correspondent

$$\text{», } 1, 2, 2, 1, \text{ », » coniques;}$$
donc
$$0, 10, 24, 18, 4, 0, 0 \text{ solutions}$$

3° — La droite T ne renferme plus qu'un point donné; la conique satisfait aux cinq conditions restantes, et par le point donné on mène deux tangentes T. On prend un point de

$$6, 5, 4, 3, 2, 1, 0 \text{ manières,}$$

on a

$$1, 2, 4, 4, 2, 1, \text{ » coniques;}$$
donc
$$12, 20, 32, 24, 8, 2, 0 \text{ solutions.}$$

4° — La droite T renferme un des points donnés; la conique S satisfait à quatre conditions et touche la droite T sur l'une des droites données. On prend un point de

$$6, 5, 4, 3, 2, 1, 0 \text{ manières,}$$

une droite de

$$0, 1, 2, 3, 4, 5, 6 \text{ manières;}$$

les coniques satisfaisant aux conditions restantes forment des systèmes dont les caractéristiques sont

$$\text{», } 1.2, 2.4, 4.4, 4.2, 2.1, \text{ ».}$$

Donc, par le point donné on peut mener des droites T, $(\mu + \nu)$, qui touchent les coniques sur la droite donnée ;

$$0,\ 3,\ 6,\ 8,\ 6,\ 3,\ \text{»},$$

on obtient

$$0,\ 15,\ 48,\ 72,\ 48,\ 15,\ 0 \text{ solutions.}$$

5° — La droite T renferme un point donné ; la conique S satisfait à trois conditions restantes et touche T au point de concours de deux droites données.

$$6,\ 5,\ 4,\ 3,\ 2,\ 1,\ 0 \text{ manières de choisir un point,}$$
$$0,\ 0,\ 1,\ 3,\ 6,\ 10,\ 15 \text{ manières de prendre deux droites ;}$$

à chaque combinaison correspondent

$$\text{»},\ \text{»},\ 1,\ 2,\ 2,\ 1,\ \text{» coniques,}$$

et l'on a

$$0,\ 0,\ 4,\ 18,\ 24,\ 10,\ 0 \text{ solutions.}$$

6° — La droite T ne renferme aucun point ; la conique ne peut satisfaire à six conditions, elle satisfait à cinq, coupe une droite donnée en deux points par ou passent deux droites T. On prend la droite de

$$0,\ 1,\ 2,\ 3,\ 4,\ 5,\ 6 \text{ manières,}$$

on a

$$\text{»},\ 1,\ 2,\ 4,\ 4,\ 2,\ 1 \text{ coniques ;}$$

donc

$$0,\ 2,\ 8,\ 24,\ 32,\ 20,\ 12 \text{ solutions.}$$

7° — La conique S satisfait à quatre conditions, passe au point de concours de deux droites ; la droite T est tangente en ce point ; on prend les deux droites de

$$0,\ 0,\ 1,\ 3,\ 6,\ 10,\ 15 \text{ manières,}$$

et l'on a

$$\text{»},\ \text{»},\ 1,\ 2,\ 4,\ 4,\ 2 \text{ coniques :}$$

donc

$$0,\ 0,\ 1,\ 6,\ 24,\ 40,\ 30 \text{ solutions.}$$

En additionnant les nombres trouvés pour chaque système :

$$
\begin{array}{ccccccc}
30 & 40 & 24 & 6 & 1 & 0 & 0 \\
0 & 10 & 24 & 18 & 4 & 0 & 0 \\
12 & 20 & 32 & 24 & 8 & 2 & 0 \\
0 & 15 & 48 & 72 & 48 & 15 & 0 \\
0 & 0 & 4 & 18 & 24 & 10 & 0 \\
0 & 2 & 8 & 24 & 32 & 20 & 12 \\
0 & 0 & 1 & 6 & 24 & 40 & 30,
\end{array}
$$

il vient

$$
\begin{array}{ccccccc}
42 & 87 & 141 & 168 & 141 & 87 & 42
\end{array}
$$

pour valeurs de n.

Détermination des caractéristiques. — Nous avons les formules

$$4\mu = \nu + 3\rho \quad \text{et} \quad \mu + \nu = 2n.$$

Si l'on connaissait μ pour le premier système, on pourrait, de proche en proche, calculer μ et ν pour tous les systèmes, n étant connu. Or μ résulte d'une formule donnée par **M. Cayley**, exprimant le nombre des courbes de l'ordre n qui passent par autant de points moins 2 qu'il n'en faut pour les déterminer, et de plus ont un rebroussement. Cette formule est $\mu = 12 (n - 1)(n - 2)$, et pour $n = 3$ on a $\mu = 24$. On en déduit $\nu = 60$, etc.

Mais on peut ne pas supposer connue cette valeur de μ, car les derniers systèmes auront en ordre inverse les caractéristiques des premiers dont ils sont corrélatifs. En particulier, le quatrième système R($3p.3d$) a ses deux caractéristiques égales, et comme $\mu + \nu = 2n$, $\mu = \nu = n = 168$. Dès lors :

$$
\begin{array}{llll}
\text{R } (2p.4d), & \mu + \nu = 2.141, & \text{d'où} & \nu = 114 \\
\text{R } (1p.5d), & 114 + \nu = 2.\ 87, & & \nu = 60 \\
\text{R } (6d), & 60 + \nu = 2.\ 42, & & \nu = 24.
\end{array}
$$

Au moyen des formules de la page 21, on peut former le tableau suivant :

Systèmes	μ	ν	n	ρ	τ	t	i
R (6p)	24	60	42	12	18	72	66
R (5$p.d$)	60	114	87	42	51	132	123
R (4$p.2d$)	114	168	141	96	105	186	177
R (3$p.3d$)	168	168	168	168	168	168	168
R (2$p.4d$)	168	114	141	186	177	96	105
R (1$p.5d$)	114	60	87	132	123	42	51
R (6d)	60	24	42	72	66	12	18.

Les valeurs de ρ sont les caractéristiques des systèmes R ($\Lambda.5$Z) ; ces caractéristiques se trouvent donc déterminées de deux manières : 1° par l'emploi des formules relatives aux systèmes R ($\Lambda.5$Z) et à l'aide des résultats relatifs aux systèmes (R,4Z), et 2° par l'emploi des seules formules relatives aux systèmes R (6Z).

IV.

COURBES A POINT DOUBLE DONNÉ.

Chaque courbe doit avoir pour point double un point donné P ; nous écrirons :

(D.5p),   (D.4$p.d$)   (D.3$p.2d$),   (D.2$p.3d$),   (D.1$p.4d$),   (D.5d),

pour exprimer les six systèmes définis par cette condition triple D et par cinq conditions élémentaires.

Nous avons six relations entre les dix quantités μ, ν, α, β... , mais comme $\delta = 0$, les inconnues se réduisent à neuf pour chaque système. Nous déterminerons directement les valeurs de N, et dans certains cas celles de α et de β.

Valeurs de N. — Une courbe décomposée est formée d'une conique S et d'une droite H, qui doit couper la conique en P.

1° — La droite H passe en P, et par l'un des points donnés, la conique S passe en P et satisfait aux quatre conditions restantes.

$$5, \quad 4, \quad 3, \quad 2, \quad 1, \quad 0 \text{ droites H,}$$

auxquelles correspondent

$$1, \quad 2, \quad 4, \quad 4, \quad 2, \quad \text{» coniques;}$$

donc

$$5, \quad 8, \quad 12, \quad 8, \quad 2, \quad 0 \text{ solutions.}$$

2° — La droite H passe en P, contient un point donné, coupe une droite donnée en a; la conique S passe en P, en a et satisfait aux trois autres conditions. On a

$$5, \quad 4, \quad 3, \quad 2, \quad 1, \quad 0 \text{ droites H.}$$

on prend la droite donnée de

$$0, \quad 1, \quad 2, \quad 3, \quad 4, \quad 5 \text{ manières;}$$

chaque combinaison donne

$$\text{», } 1, \quad 2, \quad 4, \quad 4, \quad 0 \text{ coniques;}$$

donc

$$0, \quad 4, \quad 12, \quad 24, \quad 16, \quad 0 \text{ solutions.}$$

Nous compterons deux fois chacune de ces solutions; la droite H coupe la conique S, que nous supposerons une ellipse, en deux arcs, et l'un d'eux peut avec la corde qui le sous-tend former la boucle d'une courbe à point double, l'autre arc et le prolongement de la corde donnant la branche infinie. La courbe exceptionnelle est ainsi la limite de deux courbes distinctes, l'une ayant constamment la boucle tangente à la droite donnée, et l'autre touchant cette droite par la branche infinie. Dès lors, nous obtenons :

$$0, \quad 8, \quad 24, \quad 48, \quad 32, \quad 0 \text{ courbes exceptionnelles.}$$

3° — La droite H ne contient plus de point donné, la conique S passe en P, satisfait à quatre conditions, coupe l'une des droites en a et b, la droite H passe en a ou en b. On prend une droite de

$$0, \quad 1, \quad 2, \quad 3, \quad 4, \quad 5 \text{ manières,}$$

on a

$$\text{», } 1, \quad 2, \quad 4, \quad 4, \quad 2 \text{ coniques;}$$

donc

$$0, \quad 2, \quad 8, \quad 24, \quad 32, \quad 20 \text{ droites H,}$$

et doublant pour la même raison que ci-dessus :

$$0, \quad 4, \quad 16, \quad 48, \quad 64, \quad 40 \text{ solutions.}$$

4° — La conique S passe en P, satisfait à trois conditions et passe au point d'intersection de deux droites données ; la droite H passe en ce point et en P.

On prend deux droites de

$$0, 0, 1, 3, 6, 10 \text{ manières,}$$

on obtient

$$\text{»}, \text{»}, 1, 2, 4, 4 \text{ coniques}$$

et

$$0, 0, 1, 6, 24, 40 \text{ droites H.}$$

Nous comptons quatre fois chacune de ces solutions. Soient E, F les deux droites ; déformant la courbe limite, l'un des arcs et la corde sous-tendante produisent une boucle qui peut rester tangente aux deux droites E et F ; ou à E seulement, la branche infinie provenant de l'autre arc et du prolongement de la corde touchant F ; ou à F seulement, la branche infinie touchant E, et enfin la branche infinie peut toucher les deux droites. Cela fait quatre courbes distinctes ; donc on trouve :

$$0, 0, 4, 24, 96, 160 \text{ solutions.}$$

Additionnant les nombres pour chaque système :

$$
\begin{array}{cccccc}
5 & 8 & 12 & 8 & 2 & 0 \\
0 & 8 & 24 & 48 & 32 & 0 \\
0 & 4 & 16 & 48 & 64 & 40 \\
0 & 0 & 4 & 24 & 96 & 160
\end{array}
$$

il vient

$$5 \quad 20 \quad 56 \quad 128 \quad 194 \quad 200$$

pour valeurs de N.

Courbes à branches multiples. — α est nul, s'il s'agit du 1ᵉʳ, du 2ᵉ ou du 6ᵉ système. En effet, une courbe α se compose de deux droites, dont l'une passe en P ; dès lors on ne peut se donner plus de trois points. Sur la droite double, sont trois points de tangence, cette droite double passant en P, les trois points de tangence ne peuvent se placer sur cinq droites quelconques.

S'il s'agit des quatre premiers systèmes, $\beta = 0$. Dans le quatrième système, la droite triple passe en P, contient le point donné et possède quatre sommets sur les quatre droites données. Dans le cinquième système, la droite triple passe en P, a l'un de ses sommets en l'un des dix points de concours de deux des cinq droites et un sommet sur chacune des droites restantes. Dix solutions effectives, β est multiple de 10.

Détermination des caractéristiques. — En faisant $\delta = 0$ dans les formules de la page 22, et remplaçant 2N par N, attendu que les courbes exceptionnelles à deux points doubles ont le vrai point double au point P, on obtient :

$$4\mu = \nu + 2\alpha + 6\beta$$
$$3\nu - 2\mu = 2\alpha + 2N$$

Système (D.5p), $\alpha = 0$, $\beta = 0$, N $= 5$, on conclut $\mu = 1$, $\nu = 4$
Système (D.4p.1d), $\alpha = 0$, $\beta = 0$, N $= 20$, on conclut $\mu = 4$, $\nu = 16$
Système (D.3p.2d), $\beta = 0$, N $= 56$, $\mu = 16$, on conclut $\nu = 52$, $\alpha = 6$
Système (D.2p.3d), $\beta = 0$, N $= 128$, $\mu = 52$, on conclut $\nu = 142$ et $\alpha = 33$.
Systèmes (D.1p.4d) et (D.5d) :

Appelons α, β, μ, ν, N ; α', β', μ', ν', N' les quantités relatives aux deux systèmes ; on a :

$\mu = 142$, $\nu = x$, N $= 194$, $\alpha' = 0$, $\beta' =$ mult. de 10, $\mu' = x$, $\nu' = y$, N' $= 200$,

et l'on peut écrire les quatre équations :

$$4.142 = x + 2\alpha + 6\beta, \qquad 4x = y + 6\beta'$$
$$3x - 2.142 = 2\alpha + 2.194, \qquad 3y - 2x = 400$$

Éliminant x et y, on trouve :

$$516 = 4\alpha + 9\beta$$
$$2640 = 10\alpha + 30\beta + 9\beta'.$$

Ces deux équations à trois inconnues admettent un assez grand nombre de solutions en nombres entiers et positifs ; mais si l'on se reporte au système (D.1p. 4d), on trouve aisément que les courbes à branche double sont de deux espèces, 6 de l'une et 12 de l'autre, donc on peut poser $\alpha = 6m + 12p$: sachant que m, p, β, $\dfrac{\beta'}{10}$ sont des nombres entiers et positifs, on n'a plus que deux solutions possibles, savoir :

$$\alpha = 102, \quad \beta = 12, \quad \beta' = 140$$
$$\alpha = 48, \quad \beta = 36, \quad \beta' = 120$$

qui correspondent la première à $m + 2p = 17$, la seconde à $m + 2p = 4$.
La première solution ne nous donne pas les valeurs précises de m et p
et semble les indiquer assez grandes toutes les deux ; nous rejetons cette
solution et nous faisons

$$m = 2, \quad n = 1, \quad \alpha = 48, \quad \beta = 36, \quad \beta' = 120;$$

d'où

$$x = 256, \quad y = 304.$$

Calculant ensuite, θ, R, t, i nous formons ce tableau.

Systèmes	μ	ν	$\dot{N}$	α	β	θ	R	t	i
(D 5p)	1	4	5	0	0	1	2	6	7
(D 4p d)	4	16	20	0	0	4	8	24	28
(D 3p 2d)	16	52	56	6	0	16	20	78	82
(D 2p 3d)	52	142	128	33	0	52	38	213	199
(D p 4d)	142	256	194	48	36	106	44	384	322
(D 5d)	256	304	200	0	120	136	32	456	352

Les valeurs que nous trouvons pour R sont les caractéristiques des
systèmes (R. 4Z), ce qui constitue une vérification importante des résultats ci-dessus et des résultats relatifs aux courbes de la troisième classe.
En admettant comme connues ces valeurs de R, on aurait eu pour chaque
système une troisième équation, qui aurait déterminé sans difficulté
tous les nouveaux nombres, mais les vérifications disparaissent alors.

COURBES DONT LE POINT DOUBLE EST SUR UNE DROITE DONNÉE.

Désignons par Λ cette droite donnée, et écrivons :

$$\text{D}(\Lambda.6p), \quad \text{D}(\Lambda.5p.1d), \quad \text{D}(\Lambda.4p.2d), \quad \text{D}(\Lambda.3p.3d), \quad \text{D}(\Lambda.2p.4d), \quad \text{D}(\Lambda.1p.5d), \quad \text{D}(\Lambda.6d)$$

pour exprimer les sept systèmes définis par cette condition double Λ et
par les six conditions élémentaires.

Nous avons pour chaque système six relations entre dix quantités ;
mais en allant d'un système au suivant μ se trouve connu ; les valeurs
de R et de δ résultent de ce qui précèdent, celles de N seront déterminées
directement.

Valeurs de δ. — δ exprime le nombre des courbes dont le point double est sur une droite quelconque L. Dans le cas actuel ce point double est à la rencontre de L et Λ; on voit que δ exprime le nombre des courbes ayant un point double donné et satisfaisant à six conditions simples. Nous avons

$$1, 4, 16, 52, 142, 256, 304.$$

Valeurs de R. — Nous prendrons les nombres de courbes satisfaisant à six conditions et dont le rebroussement est sur une droite Λ, soit :

$$12, 42, 96, 168, 186, 132, 72.$$

De plus, il faut compter les courbes satisfaisant à cinq des conditions élémentaires données et dont le rebroussement est à l'intersection de Λ et d'une des droites données; car elles ont bien le point double sur Λ et sont tangentes à la droite.

On prend celle-ci de

$$0, 1, 2. \ 3, \quad 4, \quad 5, \quad 6 \ \text{manières,}$$

et l'on a

$$\text{», } 2, \quad 8, \quad 20, \quad 38, \quad 44, \quad 32 \ \text{courbes;}$$

donc

$$0, 2, 16, 60, 152, 220, 192 \ \text{solutions.}$$

En ajoutant ces nombres aux précédents, on trouve pour R

$$12, 44, 112, 228, 338, 352, 204.$$

Valeurs de N. — S est la conique, H la droite qui ensemble forment une courbe exceptionnelle; un des points d'intersection se trouve sur Λ.

1° — La droite H passe par deux des points donnés, coupe Λ en a : la conique S passe en a, et satisfait aux quatre conditions restantes.

$$15, 10, \quad 6, \quad 3, 1, 0, 0 \ \text{droites H;}$$
$$1, \quad 2, \quad 4, \quad 4, 2, \text{», } \text{» coniques;}$$

donc

$$15, 20, 24, 12, 2, 0, 0 \ \text{solutions.}$$

2° — La droite H contient deux des points donnés, coupe Λ eu a, et l'une des droites données en b; la conique S passe en a, b et satisfait encore à trois conditions. Pour la même raison que plus haut nous doublerons les nombres de courbes trouvés de cette façon.

On a :

15, 10, 6, 3, 1, 0, 0 droites H;

on prend une droite de

0, 1, 2, 3, 4, 5, 6 manières;

il correspond

», 1, 2, 4, 4, », » coniques;

donc

0, 20, 48, 72, 32, 0, 0 solutions.

3° — La droite H contient un point donné ; la conique satisfait à cinq conditions, coupe Λ en a et b, la droite H passe en a ou en b.

On prend le point de

6, 5, 4, 3, 2, 1, 0 manières;

on obtient

1, 2, 4, 4, 2, 1, » coniques;

par suite

12, 20, 32, 24, 8, 2, 0 solutions.

4° — La droite H contient un point donné ; la conique satisfait à quatre conditions; on obtient un système de coniques dont les caractéristiques sont μ' et ν'; l'une de ces coniques coupe Λ en a et une droite donnée en b; il existe $3\mu'$ droites ab passant par un point quelconque; ce sont des droites H, si elles passent au point donné.

On prend le point de

6, 5, 4, 3, 2, 1, 0 manières;

la droite de

0, 1, 2, 3, 4, 5, 6

les valeurs de μ' sont

», 1, 2, 4, 4, 2, »;

donc

0, 15, 48, 108, 96, 30, 0 droites H.

Nous doublons cés nombres, les courbes n'étant tangentes à une certaine droite donnée, qu'en raison de ce que le point double accidentel est sur cette droite, ce qui fait :

0, 30, 96, 216, 192, 60, 0 solutions.

5° — La droite H ne contient aucun point donné, la conique satisfait à cinq conditions, coupe Λ en a et a' ; une droite donnée en b et b' les droites ab, ab', $a'b$, $a'b'$ sont quatre droites H. On prend une droite de

0, 1, 2, 3, 4, 5, 6 manières,

on a

», 1, 2, 4, 4, 2, 1 coniques ;

0, 4, 16, 48, 64, 40, 24 droites H.

Doublons les résultats

0, 8, 32, 96, 128, 80, 48 solutions.

6° — La droite H contient un point donné et le point a où se coupent deux des droites données ; elle coupe Λ en b, la conique S passe en a et b et satisfait à trois autres conditions. On prend un point de

6, 5, 4, 3, 2, 1, 0 manières ;

et deux droites de

0, 0, 1, 3, 6, 10, 15 manières,

on obtient

», », 1, 2, 4, 4, » coniques,

et comme les courbes exceptionnelles ne sont tangentes à deux droites que parcequ'elles ont leur point double accidentel à l'intersection de ces droites nous multiplions par 4, soit :

0, 0, 16, 72, 192, 160, 0 solutions.

7° — La conique S satisfait à quatre conditions, passe au point a où se coupent deux droites données, coupe Λ en b et b' : la droite H est ab ou ab' ; on prend deux droites de

$$0,\ 0,\ 1,\ 3,\ 6,\ 10,\ 15 \text{ manières,}$$

on a

$$\text{», »,}\ 1,\ 2,\ 4,\ 4,\ 2 \text{ coniques,}$$

donc

$$0,\ 0,\ 2,\ 12,\ 48,\ 80,\ 60 \text{ droites H;}$$

quadruplons ces nombres, il vient :

$$0,\ 0,\ 8,\ 48,\ 192,\ 320,\ 240 \text{ solutions.}$$

Additionnant

15	20	24	12	2	0	0
0	20	48	72	32	0	0
12	20	32	24	8	2	0
0	30	96	216	192	60	0
0	0	16	72	192	160	0
0	8	32	96	128	80	48
0	0	8	48	192	320	240

il vient

27	98	256	540	746	622	288

pour valeurs de N.

Courbes à branches multiples. — $\alpha = 0$ dans les deux premiers et le dernier système. — β est nul dans les quatre premiers systèmes.

Dans le système $D(\Lambda.2p.4d)$, on peut mener une droite triple par les deux points donnés. Dans le système $D(\Lambda.1p.5d)$ on peut mener dix droites triples par le point donné et l'un des concours de deux des cinq droites. Dans le système $D(\Lambda.6d)$ on a quarante-cinq droites joignant le concours de deux des six droites au concours de deux des quatre restantes, les nombres effectifs sont donc 1, 10 et 45.

Détermination des caractéristisques. Nous emploierons les formules :

$$2\delta = 4\mu - \nu - 2\alpha - 6\beta$$
$$R = 2\mu - 2\alpha - 4\beta$$
$$3\nu - 2\mu = 2\alpha + 2N.$$

Multiplions la première par — 2, la deuxième par 3, et ajoutons les équations membre à membre, α, β, μ disparaissent, et il vient :

$$- 4\delta + 3R + \nu = 2N.$$

Ce qui donne les valeurs de ν pour les divers systèmes; toutes les carac-

‌téristiques sont dès lors connues; les valeurs de α et de β se déduisent des formules $3\nu - 2\mu = 2\alpha + 2N$ et $R = 2\mu - 2\alpha - 4\beta$ et enfin les formules de la page 22 donnent θ, t et i; on peut former le tableau suivant, où l'on remarquera les valeurs de α et de β qui sont bien telles que nous l'avons dit plus haut.

Systèmes	μ	ν	R	δ	α	β	θ	t	i
D (Λ 6p)	6	22	12	1	0	0	7	33	39
D (Λ 5p 1d)	22	80	44	4	0	0	26	120	142
D (Λ 4p 2d)	80	240	112	16	24	0	96	360	392
D (Λ 3p 3d)	240	604	228	52	126	0	292	706	894
D (Λ 2p 4d)	604	1046	338	142	219	108	638	1569	1411
D (Λ p 5d)	1046	1212	352	256	150	360	942	1818	1484
C (Λ 6d)	1212	1000	264	304	0	540	976	1500	1092

COURBES DE LA QUATRIÈME CLASSE.

Une courbe du 3e degré et de la 4e classe est déterminée par huit conditions; en prenant sept conditions élémentaires nous aurons huit systèmes :

D (7p), D (6p.d), D (5p.2d), D (4p.3d), D (3p.4d), D (2p.5d), D (p.6d), D (7d).

Valeurs de N. S est la conique, H la droite qui ensemble constituent une courbe à deux points doubles.

1°. — La droite H contient deux des points donnés; la conique satisfait aux cinq conditions restantes : on prend deux points de

24, 15, 10, 6, 3, 1, 0, 0 manières,

on obtient

1, 2, 4, 4, 2, 1, », » coniques;

donc

24, 30, 40, 24, 6, 1, 0, 0 solutions.

2°. — La droite H contient deux points donnés, coupe une droite donnée en a, la conique S passe en a et satisfait aux conditions restantes.

On a

$$21, 15, 10, 6, 3, 1, 0, 0 \text{ droites H,}$$

on prend une droite de

$$0, \quad 1, \quad 2, \quad 3, \quad 4, \quad 5, 6, 7 \text{ manières,}$$

on obtient

$$\text{»}, \quad 1, \quad 2, \quad 4, \quad 4, \quad 2, \text{ »}, \text{ » coniques;}$$

donc

$$0, 15, 40, 72, 48, 10, 0, 0 \text{ solutions.}$$

Comme les courbes exceptionnelles ne touchent l'une des droites données que parce qu'elles ont le point double accidentel sur cette droite, nous devons doubler ces résultats. D'autre part, le point double accidentel étant bien connu, il faut écrire N au lieu de 2N dans les formules; nous préférons laisser 2N et ne pas doubler les résultats précédents.

3° La droite H contient un point donné, la conique S satisfait à cinq conditions, coupe une droite donnée en a et a', et la droite H passe en a ou en a'.

On prend un point de

$$7, \quad 6, \quad 5, \quad 4, \quad 3, \quad 2, \quad 1, 0 \text{ manières,}$$

une droite de

$$0, \quad 1, \quad 2, \quad 3, \quad 4, \quad 5, \quad 6, 7,$$

on a

$$0, \quad 1, \quad 2, \quad 4, \quad 4, \quad 2, \quad 1, 0 \text{ coniques,}$$

et par suite

$$0, 12, 40, 96, 96, 40, 12, 0 \text{ droites H;}$$

ce qui fait autant de solutions; et nous conservons ces nombres sans les doubler, par la même raison que ci-dessus.

4°. — La droite H contient un point donné, passe à l'intersection de deux droites données; la conique S passe en ce dernier point et satisfait aux quatre conditions non employées. On prend un point de

$$7, 6, 5, \quad 4, \quad 3, \quad 2, \quad 1, \quad 0 \text{ manières,}$$

deux droites de

$$0, 0, 1, \quad 3, \quad 6, 10, 15, 21$$

on obtient

$$\text{», », 1, 2, 4, 4, 2, » coniques,}$$

soit

$$\text{0, 0, 5, 24, 72, 80, 30, 0 courbes.}$$

Ces nombres devraient être quadruplés, mais le point double accidentel étant connu, nous nous contenterons de doubler, et nous aurons :

$$\text{0, 0, 10, 48, 144, 160, 60, 0 solutions.}$$

En additionnant :

$$
\begin{array}{rrrrrrrr}
21, & 30, & 40, & 24, & 6, & 1, & 0, & 0 \\
0, & 15, & 40, & 72, & 48, & 10, & 0, & 0 \\
0, & 12, & 40, & 96, & 96, & 40, & 12, & 0 \\
0, & 0, & 10, & 48, & 144, & 160, & 60, & 0,
\end{array}
$$

il vient

$$\text{21, 57, 130, 240, 294, 211, 72, 0}$$

pour valeurs de N.

Courbes à branches multiples. On a toujours $\alpha = 0$, $\beta = 0$: une courbe aplatie est déterminée par six conditions élémentaires, sauf ce qui concerne le point double ; mais nous avons ici sept conditions élémentaires et aucune relative au point double.

Détermination des caractéristiques. Il nous suffit de prendre la formule $3\nu - 2\mu = 4N$, et d'admettre que pour le premier système $\mu = 12$; résultat qui se déduit aisément du calcul, ou de considérations géométriques, et qu'on trouverait aussi en remarquant que les valeurs de δ sont connues, et prenant la formule $4\mu = \nu + 2\delta$. Mais il est préférable de supposer donné ce nombre 12. On en déduit immédiatement les caractéristiques et ensuite δ, θ, R, t et i.

Les résultats sont contenus dans le tableau suivant :

Systèmes	μ	ν	N	δ	θ	R	t	i
D (7p.)	12	36	21	6	18	24	54	66
D (6p.1d)	36	100	57	22	58	72	150	186
D (5p.2d)	100	240	130	80	180	200	360	460
D (4p.3d)	240	480	240	240	480	480	720	960
D (3p.4d)	480	712	294	604	1084	960	1068	1548
D (2p.5d)	712	756	211	1046	1758	1424	1134	1846
D (1p.6d)	756	600	72	1212	1968	1512	900	1656
D (7d)	600	400	0	1000	1600	1200	600	1200

REMARQUE I. — Les valeurs de δ sont les caractéristiques des systèmes $D(\Lambda.6Z)$, vérification importante.

REMARQUE II. — Dans un système $D(7Z)$, on trouve des courbes à point de rebroussement satisfaisant aux sept conditions, le nombre en est Nombre $R(7Z)$, c'est-à-dire pour les divers cas :

$$24,\ 60,\ 114,\ 168,\ 168,\ 114,\ 60,\ 24.$$

En outre, les courbes satisfaisant à six conditions, ayant le rebroussement sur une droite donnée, sont des courbes à point double tangentes à cette droite. Or les nombres $R(\Lambda.6Z)$ sont les suivants :

$$\text{», 12, 42, 96, 168, 186, 132, 72,}$$

et l'on peut choisir la droite de

$$0,\ 1,\ 2,\ 3,\ 4,\ 5,\ 6,\ 7\ \text{manières,}$$

ce qui fait

$$0,\ 12,\ 84,\ 288,\ 672,\ 930,\ 792,\ 504\ \text{courbes nouvelles.}$$

Enfin, les courbes satisfaisant à cinq des conditions données et dont le rebroussement est à l'intersection des deux droites données, sont encore des courbes à point double, tangentes à ces deux droites. Or on peut prendre deux droites de

$$0,\ 0,\ 1,\ 3,\ 6,\ 10,\ 15,\ 21\ \text{manières,}$$

les nombres $(R,5Z)$ sont

$$\text{», », 2, 8, 20, 38, 44, 32;}$$

donc on a

$$0,\ 0,\ 2,\ 24,\ 120,\ 380,\ 660,\ 672\ \text{courbes nouvelles.}$$

En sorte qu'en additionnant les résultats des trois séries :

$$
\begin{array}{rrrrrrrr}
24, & 60, & 114, & 168, & 168, & 114, & 60, & 24 \\
0, & 12. & 84, & 288, & 672, & 930, & 792, & 504 \\
0, & 0, & 2, & 24, & 120. & 380, & 660, & 672
\end{array}
$$

les nombres

$$24.\ 72,\ 200,\ 480,\ 960,\ 1424,\ 1512,\ 1200$$

doivent être les valeurs de R : ce qui, ayant lieu, constitue une seconde vérification extrêmement importante, puisqu'elle a trait à la fois aux systèmes D(7Z) et aux trois groupes de systèmes de courbes à rebroussement.

V.

COURBES DU TROISIÈME DEGRÉ ET DE LA SIXIÈME CLASSE.

Une courbe du 3ᵉ degré est déterminée par neuf conditions; en prenant huit conditions élémentaires simples, nous aurons neuf systèmes :

$$(8p), (7p.1d), (6p.2d), (5p.3d), (4p.4d), (3p.5d), (2p.6d), (1p.7d), (8d).$$

Entre les sept quantités qui se rapportent à un système, existent quatre relations distinctes; l'une de ces quantités μ étant connue par le système précédent, il suffit que deux autres soient déterminées directement.

Valeurs de Δ. — Δ exprime le nombre des courbes d'un système qui sont douées de points doubles.

1° — Les courbes à points doubles satisfont aux huit conditions élémentaires; en se reportant aux systèmes D(7Z), on trouve les nombres de solutions :

$$12, 36, 100, 240, 480, 712, 756, 600, 400.$$

2° — Les courbes satisfont seulement à sept conditions, et ont le point double sur une droite donnée; on prend la droite de

$$0, 1, 2, 3, 4, 5, 6, 7, 8 \text{ manières};$$

les nombres de courbes correspondant à chaque droite sont ceux des systèmes D(Λ.6Z)

$$\text{, } 6, 22, 80, 240, 604, 1046, 1212, 1000.$$

Comme, d'ailleurs, la courbe exceptionnelle, en se déformant, possède deux branches séparées, l'une ou l'autre de ces branches peut rester tangente à la droite sur laquelle était le point double; cela fait deux courbes distinctes, et nous devons compter deux fois chacune des courbes, ce qui fait

0, 12, 88, 480, 1920, 6040, 12562, 16968, 16000 nouvelles solutions.

3° — Nous compterons quatre fois toute courbe satisfaisant à six conditions et dont le point double se trouve à l'intersection de deux droites données. On peut prendre ces deux droites de

0, 0, 1, 3, 6, 10, 15, 21, 18 manières;

les caractéristiques des systèmes (**D.5Z**) sont :

», », 1, 4, 16, 52, 142, 256, 304;

donc

0, 0, 4, 48, 384, 2080, 8520, 21504, 34048 solutions.

En additionnant, on trouve pour Δ les valeurs :

12, 48, 192, 768, 2784, 8832, 21828, 39072, 50448.

On remarquera les quatre premiers nombres, qui sont en progression géométrique, la raison étant 4, ce qui doit arriver pour toutes les quantités relatives aux quatre premiers systèmes (ceux dans lesquels il n'existe pas d'aplaties) et ce qui justifie notre manière de compter les courbes Δ.

Courbes à branches multiples. — α est nul pour les quatre premiers systèmes et pour le dernier; car une courbe à branche double étant formée de deux droites, on ne peut se donner plus de quatre points; et la droite double renfermant cinq points tangentiels, la courbe ne peut toucher plus de sept droites.

β est nul pour les six premiers systèmes.

Système (2*p*.6*d*). — On peut mener la droite triple par les deux points données, elle aura les six sommets sur les six droites.

Système (1*p*.7*d*). — On joint le point de concours de deux des sept droites au point donné de 21 manières, β est multiple de 21.

Système (8*d*). — On joint le concours de deux droites au concours de deux des six droites restantes de 210 manières, donc β est multiple de 210.

Détermination des caractéristiques. — Nous emploierons les deux formules

$$4\mu = \nu + 2\alpha + 6\beta$$
$$\Delta = 7\nu - 16\mu + 2\alpha + 18\beta.$$

Systèmes $(8p)$, $(7p.1d)$, $(6p.2d)$, $(5p.3d)$, $\alpha = 0$, $\beta = 0$

$$4\mu = \nu, \quad \Delta = 7\nu - 16\mu;$$

d'où

$$\Delta = 12\mu = 3\mu.$$

Les valeurs de Δ sont 12, 48, 192, 768 ; on en conclut

$$\text{celles de } \mu, \quad 1, \quad 4, \quad 16, \quad 64$$
$$\text{et celles de } \nu, \quad 4, \quad 16, \quad 64, \quad 256.$$

Systèmes $(4p.4d)$, $(3p.5d)$; $\beta = 0$, $\alpha \gtrless 0$

$$4\mu = \nu + 2\alpha$$
$$\Delta = 7\nu - 16\mu + 2\alpha,$$

éliminons α

$$6\nu = \Delta + 12\mu$$

pour

$$\Delta = 2784 \text{ et } \mu = 256, \quad \nu = 976 \text{ et } \alpha = 24$$
$$\Delta = 8832 \text{ et } \mu = 976, \quad \nu = 3424 \text{ et } \alpha = 240$$

Systèmes $(2p.6d)$, $(1p.7d)$, $(8d)$. — Nous remplacerons les formules
précédentes par une seule obtenue en éliminant α,

$$6\nu = \Delta + 12\mu - 12\beta.$$

Soient

$$\mu = 3424, \quad \nu = x, \quad \Delta = 21828, \quad \beta,$$

les quantités relatives au 1er des trois systèmes ;

$$x, \quad y, \quad 39072, \quad \beta',$$

les quantités correspondantes pour le second ;

$$y, \quad z, \quad 50448, \quad \beta'',$$

les quantités correspondantes pour le troisième ; nous aurons les trois équations :

$$6x = 12.3424 + 21828 - 12\beta$$
$$6y = 12x \quad + 39072 - 12\beta'$$
$$6z = 12y \quad + 50448 - 12\beta''.$$

En éliminant β au lieu de α, il vient :

$$4\nu = 4\mu + 4\alpha + \Delta ;$$

ce qui donne, pour le dernier système,

$$4z = 4y + 50448, \quad \text{puisqu'alors} \quad \alpha = 0.$$

Nous avons quatre équations entre six inconnues x, y, z, β, β', β''. Nous éliminons x, y, z, il résulte :

$$11640 = 2\beta + \beta' + \beta''.$$

Nous savons que β' est multiple de 21, β'' multiple de 210 ; mais l'équation admet encore un assez grand nombre de solutions, et le problème paraît indéterminé. La nature de la question est telle cependant que la solution est unique, et cette solution sera obtenue en posant

$$\beta'' = 210g, \quad \beta' = 21 \times 3g, \quad \beta = 9g.$$

Ceci revient à supposer que les degrés de multiplicité vont en croissant comme les termes d'une progression géométrique dont la raison est 3, à mesure qu'on remplace, dans les conditions données, une droite par un point. En effet, une droite triple est la limite d'une courbe aplatie dont trois branches se confondent ; si cette courbe doit passer par un point donné, elle pourra se déformer de manière que l'une quelconque des trois branches continue à passer par le point donné ; et si deux points sont donnés, il y aura neuf combinaisons possibles. Le nombre des sommets étant fixe, les choses se passent toujours de la même manière quant à la déformation relative aux contacts, et, par conséquent, les degrés de multiplicité sont bien g, $3g$, $9g$. Ceci posé, on a

$$11640 = 18g + 63g + 210g = 291g ;$$

d'où

$$g = 40$$

$$\beta = 360, \quad \beta' = 2520, \quad \beta'' = 8400$$
$$x = 9766, \quad y = 21004, \quad z = 33616$$

Les valeurs de α résultent de la formule $4\nu = 4\mu + 4\alpha + \Delta$, elles sont 885 et 1470.

Calculant t et i, on a le tableau suivant :

Systèmes	μ	ν	Δ	α	β	t	i
$(8p)$	1	4	12	0	0	9	12
$(7p.1d)$	4	16	48	0	0	36	12
$(6p.2d)$	16	64	192	0	0	144	192
$(5p.3d)$	64	256	768	0	0	576	768
$(4p.4d)$	256	976	2784	24	0	2232	2856
$(3p.5d)$	976	3424	8832	240	0	8064	9552
$(2p.6d)$	3424	9766	21828	885	360	23844	25563
$(1p.7d)$	9766	21004	39072	1470	2520	53244	51042
$(8d)$	21004	33616	50448	0	8400	88236	75648

VI.

Sur la multiplicité des courbes exceptionnelles. Nous avons déterminé *à priori* le degré de multiplicité des courbes N et Δ, c'est-à-dire des courbes à points doubles, et cela, en considérant la courbe limite comme la superposition de courbes qui, en se séparant, deviennent distinctes, en sorte que, autant il y a de manières de déformer la courbe exceptionnelle en satisfaisant aux conditions données, autant il y a d'unités dans le degré de multiplicité.

Si l'on suppose qu'il s'agisse de coniques, une courbe formée de deux droites sera simple, double, quadruple suivant qu'elle sera déterminée par quatre points, ou par trois points et une droite, ou par deux points et deux droites. Dans ce dernier cas, par exemple, l'hyperbole dont elle est la limite doit rester tangente aux deux droites, et on peut combiner les deux branches et les deux droites données de quatre manières.

S'il est question d'une courbe à branche multiple, le degré de multiplicité deviendra double, quadruple, si une branche double doit passer par un ou deux points. Si c'est une branche triple il devient trois fois ou neuf fois plus grand.

Ceci est vrai pour les coniques aplaties, et la loi est analogue pour les surfaces du second ordre infiniment aplaties.

Il est bon de vérifier le fait pour les droites triples que nous avons rencontrées dans les divers groupes de systèmes. Nous reproduisons les résultats trouvés, en mettant en regard, les nombres effectifs et les nombres théoriques.

Systèmes.	Nombres effectifs.	Nombres théoriques.	Degré de multiplicité.
(R.1p.3d)	1	12	$12 = 4 \times 3$
(R.4d)	6	24	4
R(A.2p.3d)	1	36	$36 = 4 \times 9$
R(A.1p.4d)	6	72	$12 = 4 \times 3$
R(A.5d)	15	60	4
D(1p.4d)	1	36	$36 = 12 \times 3$
D(5d)	10	120	12
D(A.2p.4d)	1	108	$108 = 12 \times 9$
D(A.1p.5d)	10	360	$36 = 12 \times 3$
D(A.6d).	45	540	12

La loi est évidente, et on n'en a aucunement supposé l'existence pour trouver soit les nombres effectifs, soit les nombres théoriques.

Occupons-nous des courbes α, et voyons si la même loi se vérifie. Nous disons que si les droites doubles passent par un ou deux points, il faut multiplier les nombres effectifs par 2 ou par 4.

De plus, si le point triple de la courbe aplatie, lequel est un point de réunion de deux branches de la courbe, est sur une droite ou deux droites, il faut encore multiplier par 2 ou par 4.

1° Systèmes (R. 4Z).

(R. 4p)..... $\alpha = 0$.

(R. 3p.1d). — La droite double passe par le point de rebroussement P, et par l'un des points donnés ; la droite simple contient les deux autres points ; le nombre effectif est 3 ; il doit être doublé. — 6.

(R. 2p.2d). — La droite double passe par le point P, par un point donné ; la droite simple passe par l'autre point, et coupe la première sur l'une des droites données, le sommet étant sur l'autre droite ; cela fait quatre combinaisons ; le nombre effectif doit être doublé à cause que la droite double contient un point, et doublé encore, le point triple étant sur une droite. — 16.

La droite simple contient les deux points. donnés, la droite double passe au point de concours des deux droites données où sera le sommet simple; une combinaison, nombre théorique 1.

La droite simple contient les deux points donnés, la droite double la coupe sur une droite donnée, le sommet simple est sur l'autre. Nombre effectif 2, théorique 4. — Total 21.

$(R p . 3d)$. — La droite double passe à l'intersection a de deux des droites données, et coupe la droite en b; la droite simple passe en a ou en b; trois combinaisons de chaque espèce, nombres effectifs 3 et 3, théoriques 12 et 6. — Total 18.

$(R . 4d)$. — $\alpha = 0$.

2° Systèmes R $(\Lambda . 5Z)$.

$R (\Lambda . 5p)$. — $\alpha = 0$.

$R (\Lambda . 4p . 1d)$. — La droite double passe par deux points donnés; le rebroussement est sur Λ, le sommet simple sur la droite donnée; la droite simple passe par les deux autres points et détermine le point triple. Nombre effectif 6, théorique 24.

$R (\Lambda . 3p . 2d)$. — La droite double contient deux points donnés, la droite simple la coupe sur l'une des deux droites données; six combinaisons, on multiplie par 4, puis par 2, — 48.

La droite double contient un point, la droite simple deux; la droite double a pour sommet l'intersection des deux droites données, trois combinaisons. — Nombre théorique 6.

La droite double contient un point et coupe la droite simple sur l'une des droites données, six combinaisons. — Nombre théorique 24. — Total 78.

$R (\Lambda . 2p . 3d)$. — La droite double contient un point et l'intersection de deux des droites; la droite simple contient l'autre point et coupe la 1re soit sur les deux droites données, soit sur la 3°; on a six combinaisons de chaque espèce; et les nombres théoriques sont 48 et 24.

La droite simple contient les deux points; la droite double passe à l'intersection de deux droites, et par le point où la droite simple rencontre l'autre, trois combinaisons, en doublant 6. Total 78.

R (Λ. 1*p*. 4*d*). — La droite double se mène de trois manières, c'est l'une des diagonales du quadrilatère. Nombre effectif 6, théorique 24.

R (Λ.5*d*), $\alpha = 0$.

3° — Systèmes (D.5Z).

(D.5*p*), $\alpha = 0$.

(D.4*p*.1*d*), $\alpha = 0$.

(D. 3*p*.2*d*). — La droite double passe par le point double donné P, par un des points donnés; les deux sommets sont sur les deux droites données, et le point triple sur la droite simple qui passe par les deux autres points. Nombre effectif 3, théorique 6.

(D. 2*p*.3*d*). — La droite double contient un point donné; la droite simple contient l'autre point et le coupe sur l'une des trois droites; six combinaisons. — Nombre théorique 24.

La droite simple contient les deux points donnés; la droite double passe à l'intersection de deux droites données; trois combinaisons. — 3.

La droite simple contenant les deux points donnés, la droite double la coupe sur l'une des trois droites données; trois combinaisons. — 6. Le nombre total est 33.

(D. 1*p*. 4*d*). — La droite double passe à l'intersection de deux droites données et coupe les deux autres droites en *a* et *b*; la droite simple contient l'intersection, ou bien passe soit en *a* soit en *b*. Nombres effectifs 6 et 12, théoriques 24 et 24. Total 48.

(D.5*d*). — $\alpha = 0$.

4° — Systèmes D (Λ.6Z).

D (Λ.6*p*). — $\alpha = 0$.

D (Λ.5*p*.1*d*). — $\alpha = 0$.

D (Λ. 4*p*. 2*d*). — La droite double passe par deux points, la droite simple par les deux autres. Six combinaisons. Nombre théorique 24.

D (Λ. 3*p*. 3*d*). — La droite double passe par deux points; la droite simple passe par l'autre et la coupe sur une droite donnée. Neuf combinaisons, 72.

La droite double passe par un point, la droite simple par les deux autres; la droite double passe par l'intersection de deux des droites données ou par l'intersection de la droite simple et d'une droite donnée. Nombres effectifs 9 et 9, théoriques 18 et 36. — Total 126.

D (Λ. **2*p*. 4*d*).** — La droite double passe par un point donné, par l'un des sommets du quadrilatère formé par les droites données; la droite simple passe par l'autre point, et coupe la branche double soit sur deux droites à la fois, soit sur l'une des deux autres droites; nombres effectifs 12 et 24, théoriques 96 et 96.

La droite simple contient les deux points; la droite double contient l'un des sommets du quadrilatère, et le sommet opposé, ou elle coupe la droite simple sur l'une des droites auxquelles n'appartient pas le premier sommet. Nombres effectifs 3 et 12. Théoriques 3 et 24. Le nombre total est 219.

D (Λ. **1*p*. 5*d*).** — La droite double contient les concours de deux des cinq droites, et le concours de deux des trois autres droites restantes, et enfin coupe la troisième; la droite simple passe par le point donné, et coupe la droite double soit en un des deux points de concours, soit sur la droite qui est seule; nombres effectifs 30 et 15, théoriques 120 et 30. Total 150.

D (Λ. **6*d*)** — $\alpha = 0$.

5° — Systèmes (8Z).

(8*p*), (7*p* . 1*d*); (6*p* . 2*d*), (5*p* . 3*d*); $\alpha = 0$.

(4*p*. 4*d*). — La droite double contient deux points, quatre sommets sont sur les quatre droites, le point triple à l'intersection de la droite simple, laquelle renferme les deux autres points. 6 combinaisons. — 24.

(3*p* . 5*d*). — La droite double renferme deux points, la droite simple la coupe sur l'une des cinq droites données. Nombre effectif 15, théorique 120.

La droite double contient un point, et coupe la droite simple sur l'une des cinq droites, ou bien passe en un point de concours de deux de ces droites. — Nombres effectifs 15 et 30, théoriques 60 et 60.

(2*p*. 6*d*). — La droite double contient un point donné, un concours de deux des six droites; la droite simple passe en ce concours, ou coupe la droite double sur l'une des quatre autres droites. Nombres effectifs 30 et 120, théoriques 240 et 480.

La droite simple contient les deux points, coupe les six droites en six points; la droite double passe par l'un d'eux et par le concours de deux des cinq droites restantes. Nombre effectif 60, théorique 120.

La droite simple contient les deux points, et la droite double le concours de deux des six droites et le concours de deux des quatre droites restantes. Nombre théorique et effectif, 45. — Total 885.

($1p$. $7d$). — La droite double contient le point de concours de deux droites et le concours de deux des cinq restantes. La droite simple la coupe en l'un de ces concours, ou bien sur l'une des trois autres droites. Nombres effectifs 210 et 315, théoriques 840 et 630. — Total 1470.

($8d$) — $\alpha = 0$.

Tous ces résultats concordent avec ceux que nous avions obtenus à l'aide de nos formules. Il est d'ailleurs évident que l'on pourrait à l'aide de ces nombres connus *à priori* et d'un petit nombre de formules, ($4\mu = \nu + 2\alpha + 6\beta$, etc.) retrouver les caractéristiques; nous n'insisterons pas davantage sur la marche à suivre qui n'offre aucune difficulté.

Juillet 1870.
MAILLARD.

Vu et approuvé, le 6 novembre 1871.
Le Doyen de la Faculté des sciences.

MILNE EDWARDS.

Vu et permis d'imprimer, le 6 novembre 1871
Le Vice-Recteur de l'Académie de Paris.
A. MOURIER.

DEUXIÈME THÈSE.

PROPOSITIONS DONNÉES PAR LA FACULTÉ,

I. — Théorie des phénomènes électrodynamiques.

II. — Théorie de l'induction.

Vu et approuvé, le 6 novembre 1871.

Le Doyen de la Faculté des sciences.

MILNE EDWARDS.

Vu et permis d'imprimer, le 6 novembre 1871.

Le Vice-Recteur de l'Académie de Paris.

A. MOURIER.

544. — Paris — Imprimerie Gusset et Cᵉ, 26, rue Racine.

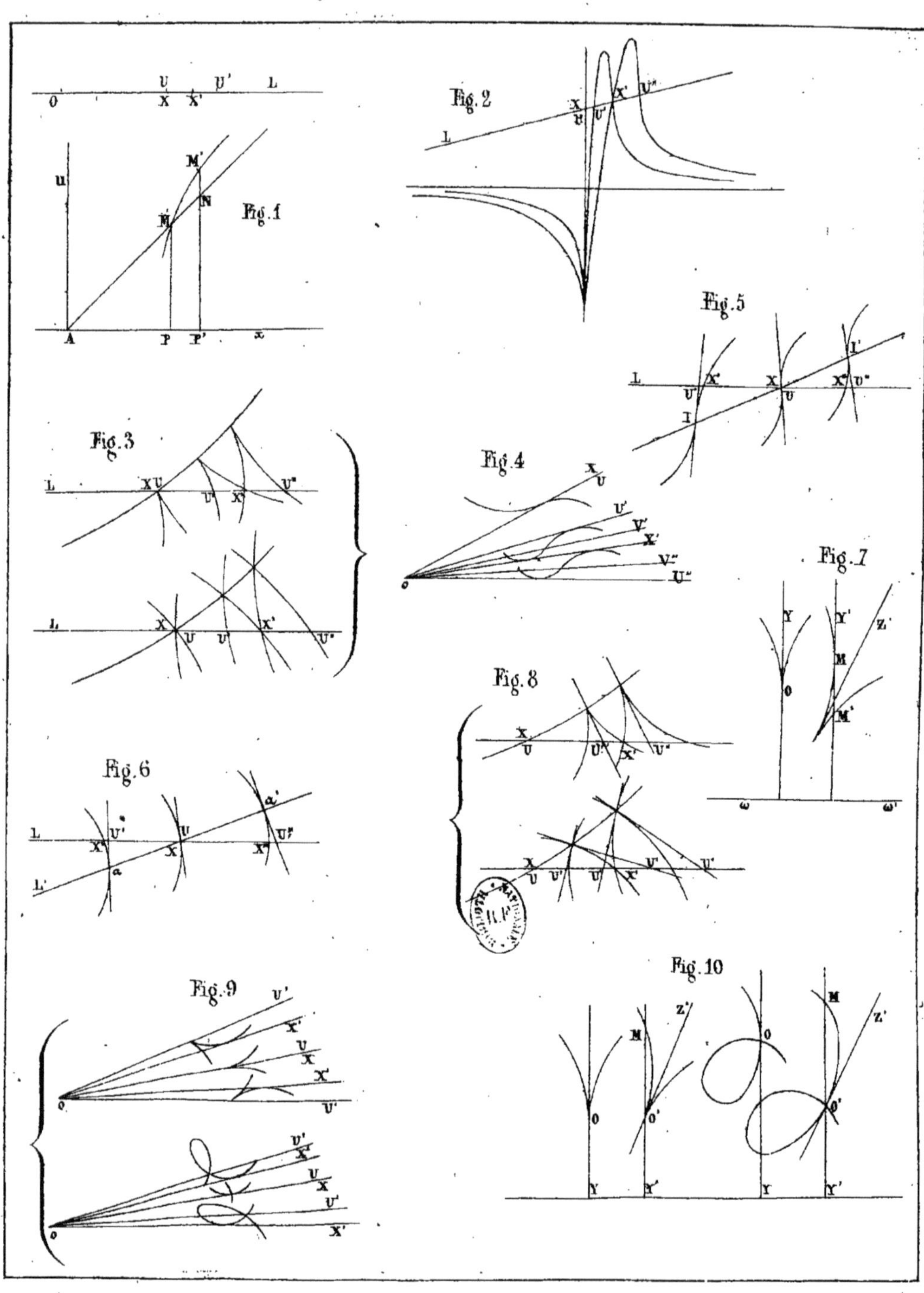

Fig.1
Fig.2
Fig.3
Fig.4
Fig.5
Fig.6
Fig.7
Fig.8
Fig.9
Fig.10

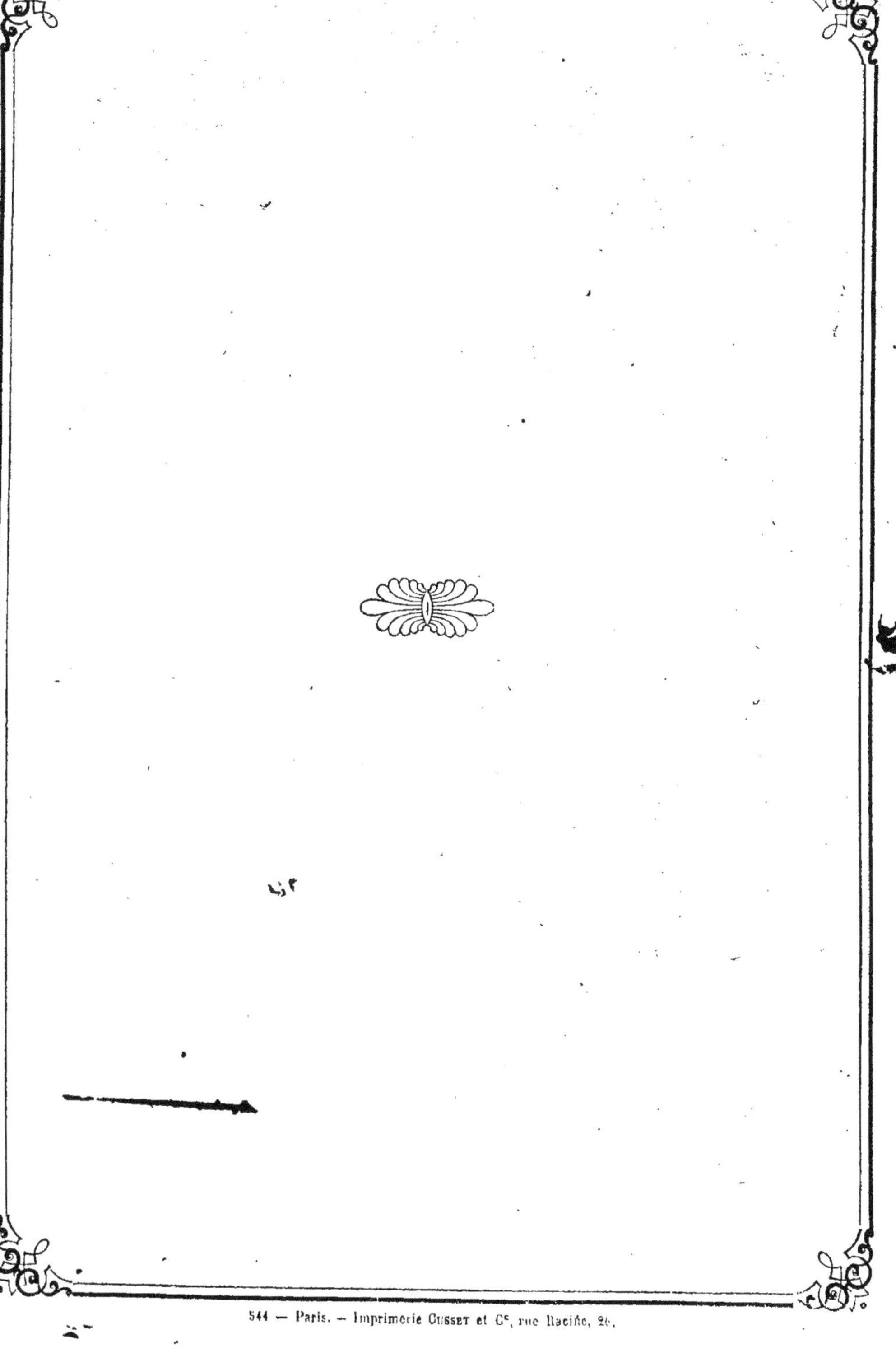

544 — Paris. — Imprimerie Cusset et C°, rue Racine, 26.

www.ingramcontent.com/pod-product-compliance
Ingram Content Group UK Ltd.
Pitfield, Milton Keynes, MK11 3LW, UK
UKHW021120140726
13695UKWH00004B/1620